この一冊があなたの
ビジネス力を育てる！

Accessはどんなことができるのかよくわからないなあ。データベースって難しそう。
データベースをビジネスシーンで活用したいけど、どうやってやるのかな。
FOM出版のテキストはそんなあなたのビジネス力を育てます。
しっかり学んでステップアップしましょう。

第1章 Accessの基礎知識

Access習得の第一歩
まずは触ってみよう

まずは基本が大切！
Accessの画面に慣れることから始めよう！

Accessの画面構成は、とても機能的で使いやすい！
ポイントは、2つの領域が持つそれぞれの役割を理解すること！

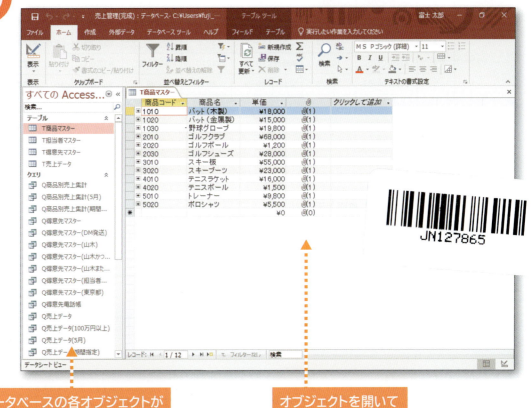

データベースの各オブジェクトが表示される領域

オブジェクトを開いて作業する領域

Accessの基礎知識については **8ページ** を **check!**

第2章 データベースの設計と作成

データベースは設計が命
データベース作成の基本をマスターしよう

データベースの設計って何をすればいいのかな？

●印刷結果

売上一覧表

売上番号	売上日	得意先コード	得意先名	商品コード	商品名	単価	数量	金額
1	2019/04/01	10010	丸の内商事	1020	バット(金属製)	¥15,000	5	¥75,000
2	2019/04/01	10220	桜富士スポーツクラブ	2030	ゴルフシューズ	¥28,000	3	¥84,000
3	2019/04/02	20020	つるたスポーツ	3020	スキーブーツ	¥23,000	5	¥115,000
4	2019/04/02	10240	東販売サービス	1010	バット(木製)	¥18,000	4	¥72,000
5	2019/04/03	10020	富士光スポーツ	3010	スキー板	¥55,000	10	¥550,000

●入力項目

売上伝票入力

売上番号	1
売上日	2019/04/01
得意先コード	10010
得意先名	丸の内商事
商品コード	1020
商品名	バット(金属製)
単価	¥15,000
数量	5
金額	¥75,000

データベースに必要な項目を分析し決定する

●売上伝票

売上番号	売上日	得意先コード	得意先名	商品コード	商品名	単価	数量	金額
1	2019/04/01	10010	丸の内商事	1020	バット(金属製)	¥15,000	5	¥75,000
2	2019/04/01	10220	桜富士スポーツクラブ	2030	ゴルフシューズ	¥28,000	3	¥84,000
3	2019/04/02	20020	つるたスポーツ	3020	スキーブーツ	¥23,000	5	¥115,000
4	2019/04/02	10240	東販売サービス	1010	バット(木製)	¥18,000	4	¥72,000
5	2019/04/03	10020	富士光スポーツ	3010	スキー板	¥55,000	10	¥550,000

どのテーブルにどの項目を格納するかを決定する

●得意先マスター

得意先コード	得意先名
10010	丸の内商事
10020	富士光スポーツ
10030	さくらテニス
10040	マイスター広告社
10050	足立スポーツ

●売上データ

売上番号	売上日	得意先コード	商品コード	数量
1	2019/04/01	10010	1020	5
2	2019/04/01	10220	2030	3
3	2019/04/02	20020	3020	5
4	2019/04/02	10240	1010	4
5	2019/04/03	10020	3010	10

●商品マスター

商品コード	商品名	単価
1010	バット(木製)	¥18,000
1020	バット(金属製)	¥15,000
1030	野球グローブ	¥19,800
2010	ゴルフクラブ	¥68,000
2020	ゴルフボール	¥1,200

テーブルはデータの種類ごとに細かく分けることがポイントだよ！

データベースの設計と作成については **30ページ** を **check!**

第3章 テーブルによるデータの格納

データを適切に保存
テーブルを作ろう

Accessで作成するデータベースのデータはすべてテーブルに保存されるからテーブルはデータベースの要なんだね。

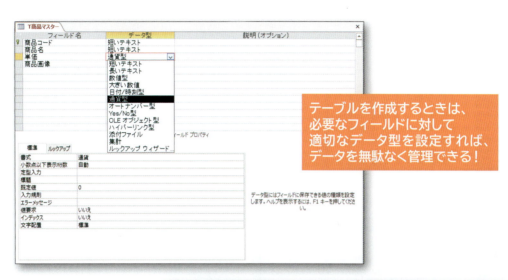

テーブルを作成するときは、必要なフィールドに対して適切なデータ型を設定すれば、データを無駄なく管理できる！

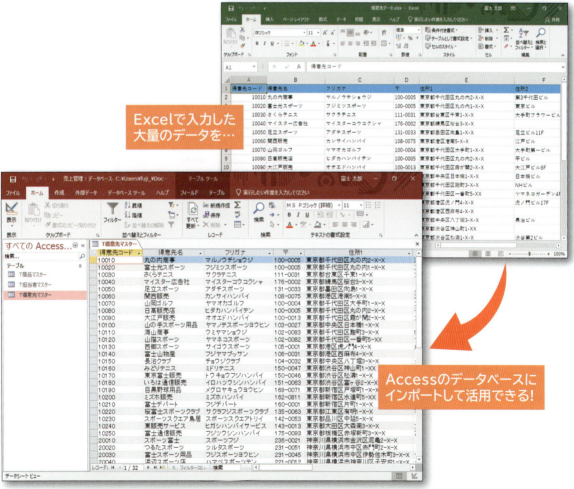

Excelで入力した大量のデータを…

Accessのデータベースにインポートして活用できる！

テーブルによるデータの格納については **38ページ** を **check!**

第4章 リレーションシップの作成

テーブルの関連付け
リレーションシップを作ろう

テーブルを細かく分けたけど、そのあとどうすればいいの？

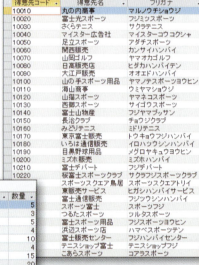

ばらばらになっているテーブルを…

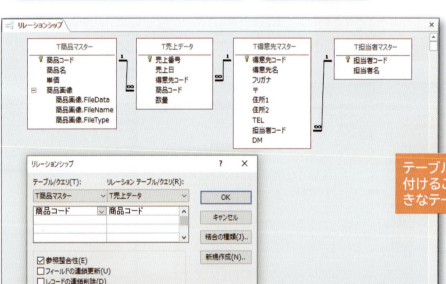

テーブル間を共通フィールドで関連付けることで、あたかもひとつの大きなテーブルとして扱える！

細かく分けたテーブルは、リレーションシップを使って関連付けることがポイントだね！

リレーションシップの作成については **80ページ** を check!

第5章 クエリによるデータの加工

データを自由に加工
クエリを作ろう

クエリを使うと、ひとつまたは複数のテーブルから必要なフィールドを組み合わせて仮想テーブルを編成できるよ!

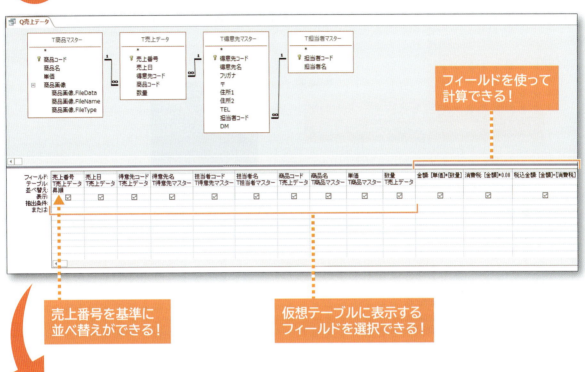

フィールドを使って計算できる!

売上番号を基準に並べ替えができる!

仮想テーブルに表示するフィールドを選択できる!

並べ替えて表示したり、計算結果を表示したり、データを自由自在に加工できる!

クエリによるデータの加工については **88ページ** を **check!**

第6章 フォームによるデータの入力

データの入力画面
フォームを作ろう

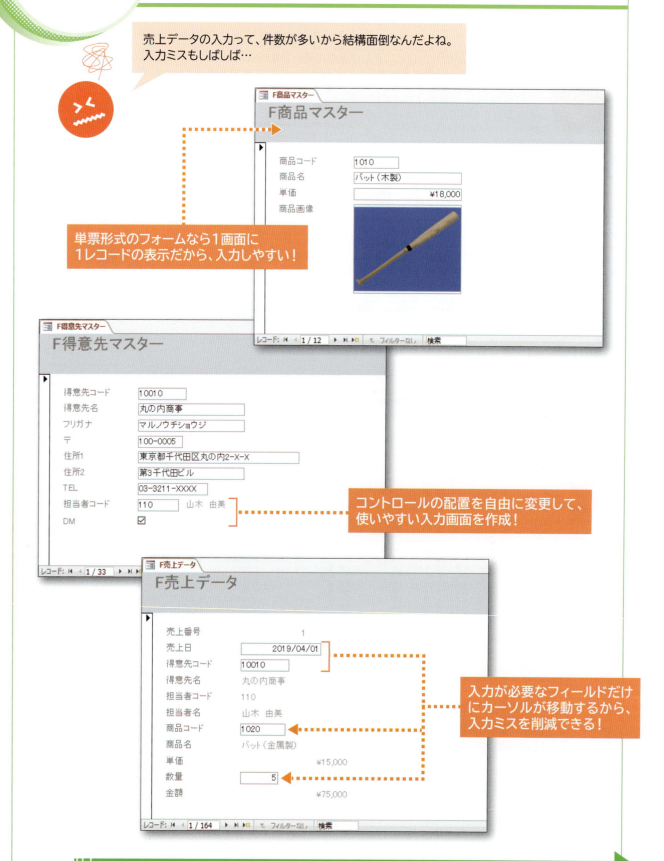

フォームによるデータの入力については **112ページ** を check!

第7章 クエリによるデータの抽出と集計

レコードの絞り込み
条件に合うレコードを抽出しよう

条件に合うレコードを表示するには、どうしたらいいんだろう？

担当者コードが「110」または「140」の得意先データを抽出！

住所が「東京都」の得意先データを抽出！

パラメータークエリを実行すると、毎回違う条件でレコードを抽出して集計！

クエリによるデータの抽出と集計については **156ページ** を **check!**

第8章 レポートによるデータの印刷

見栄えのする印刷
レポートを作ろう

テーブル、クエリのデータの体裁を整えて印刷したいな…

抽出したレコードを並べ替えて印刷できる！

宛名ラベルだって簡単に作成できる！

レポートによるデータの印刷については 180ページ を check！

第9章 便利な機能

頼もしい機能が充実
便利な機能を使いこなそう

ずいぶんAccessの使い方がわかってきたよ。ほかに知っておくと便利な機能ってないのかな？

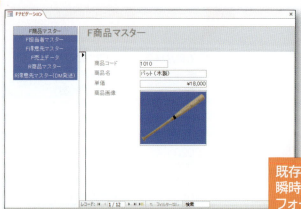

レポートをPDFファイルとして保存すれば、閲覧用に配布するなど、活用方法もいろいろ！

既存のフォームやレポートを瞬時に表示するためのフォームが簡単に作成できる！

便利な機能については 228ページ を check！

はじめに

Microsoft Access 2019は、大量のデータをデータベースとして蓄積し、必要に応じてデータを抽出したり、集計したりできるリレーショナル・データベースソフトウェアです。
本書は、初めてAccessをお使いになる方を対象に、データを格納するテーブルの作成、クエリによる必要なデータの抽出、データ入力用のフォームの作成、データ印刷用のレポートの作成など基本的な機能と操作方法をわかりやすく解説しています。
また、巻末の総合問題には豊富な問題を用意しており、問題を解くことによって理解度を確認でき、着実に実力を身に付けられます。
表紙の裏にはAccessで使える便利な「ショートカットキー一覧」、巻末にはAccess 2019の新機能を効率的に習得できる「Access 2019の新機能」を収録しています。
本書は、経験豊富なインストラクターが、日頃のノウハウをもとに作成しており、講習会や授業の教材としてご利用いただくほか、自己学習の教材としても最適なテキストとなっております。
本書を通して、Accessの知識を深め、実務にいかしていただければ幸いです。

本書を購入される前に必ずご一読ください

本書は、2019年1月現在のAccess 2019(16.0.10339.20026)に基づいて解説しています。本書発行後のWindowsやOfficeのアップデートによって機能が更新された場合には、本書の記載のとおりに操作できなくなる可能性があります。あらかじめご了承のうえ、ご購入・ご利用ください。

2019年4月3日
FOM出版

◆Microsoft、Access、Excel、Windowsは、米国Microsoft Corporationの米国およびその他の国における登録商標または商標です。
◆その他、記載されている会社および製品などの名称は、各社の登録商標または商標です。
◆本文中では、TMや®は省略しています。
◆本文中のスクリーンショットは、マイクロソフトの許可を得て使用しています。
◆本文およびデータファイルで題材として使用している個人名、団体名、商品名、ロゴ、連絡先、メールアドレス、場所、出来事などは、すべて架空のものです。実在するものとは一切関係ありません。
◆本書に掲載されているホームページは、2019年2月現在のもので、予告なく変更される可能性があります。
◆本書に掲載されているテンプレートは、2019年2月現在のもので、予告なく変更される可能性があります。

目次

■ショートカットキー一覧

■本書をご利用いただく前に -- 1

■第1章　Accessの基礎知識 ------------------------------------- 8

 Check　この章で学ぶこと ……………………………………………………9
 Step1　Accessの概要 ………………………………………………………10
  ●1　Accessの概要 ………………………………………………………10
  ●2　データベースとデータベースソフトウェア …………………………11
  ●3　リレーショナル・データベース ……………………………………12
 Step2　Accessを起動する …………………………………………………13
  ●1　Accessの起動 ………………………………………………………13
  ●2　Accessのスタート画面 ……………………………………………14
 Step3　データベースを開く…………………………………………………16
  ●1　データベースを開く …………………………………………………16
 Step4　Accessの画面構成 …………………………………………………19
  ●1　Accessの画面構成 …………………………………………………19
 Step5　データベースの構成要素と基本操作 ………………………………21
  ●1　データベースオブジェクト…………………………………………21
  ●2　オブジェクトの役割 ………………………………………………22
  ●3　ナビゲーションウィンドウ…………………………………………24
  ●4　オブジェクトを開く ………………………………………………25
  ●5　オブジェクトを閉じる ……………………………………………26
 Step6　データベースを閉じる ……………………………………………28
  ●1　データベースを閉じる ……………………………………………28
 Step7　Accessを終了する …………………………………………………29
  ●1　Accessの終了 ………………………………………………………29

■第2章　データベースの設計と作成　30

Check	この章で学ぶこと	31
Step1	データベース構築の流れを確認する	32
	●1　データベース構築の流れ	32
Step2	データベースを設計する	33
	●1　データベースの設計	33
Step3	データベースを新規に作成する	35
	●1　作成するデータベースの確認	35
	●2　データベースの新規作成	35

■第3章　テーブルによるデータの格納　38

Check	この章で学ぶこと	39
Step1	テーブルの概要	40
	●1　テーブルの概要	40
	●2　テーブルのビュー	41
Step2	テーブルとフィールドを検討する	42
	●1　テーブルの検討	42
	●2　フィールドの検討	43
Step3	商品マスターを作成する	45
	●1　作成するテーブルの確認	45
	●2　テーブルの作成	46
	●3　デザインビューの画面構成	48
	●4　フィールドの設定	49
	●5　主キーの設定	55
	●6　テーブルの保存	56
	●7　ビューの切り替え	57
	●8　データシートビューの画面構成	58
	●9　レコードの入力	59
	●10　フィールドの列幅の調整	62
	●11　上書き保存	63
	●12　テーブルを開く	63
Step4	得意先マスターを作成する	65
	●1　作成するテーブルの確認	65
	●2　テーブルの作成	65
	●3　既存テーブルへのデータのインポート	67

	Step5	売上データを作成する ……………………………………… 73
		●1 作成するテーブルの確認 ……………………………………… 73
		●2 新規テーブルへのデータのインポート …………………… 74
		●3 フィールドの設定 ……………………………………………… 78

■第4章　リレーションシップの作成　　　　　　　　　　　　　　80

	Check	この章で学ぶこと ……………………………………………… 81
	Step1	リレーションシップを作成する ………………………………… 82
		●1 リレーションシップ …………………………………………… 82
		●2 リレーションシップの作成 ………………………………… 83

第5章　クエリによるデータの加工　　　　　　　　　　　　　　　88

	Check	この章で学ぶこと ……………………………………………… 89
	Step1	クエリの概要 …………………………………………………… 90
		●1 クエリの概要 ………………………………………………… 90
		●2 クエリのビュー ……………………………………………… 92
	Step2	得意先電話帳を作成する ……………………………………… 93
		●1 作成するクエリの確認 ……………………………………… 93
		●2 クエリの作成 ………………………………………………… 93
		●3 デザインビューの画面構成 ………………………………… 96
		●4 フィールドの登録 …………………………………………… 97
		●5 クエリの実行 ………………………………………………… 98
		●6 並べ替え ……………………………………………………… 99
		●7 フィールドの入れ替え …………………………………… 100
		●8 クエリの保存 ………………………………………………… 101
	Step3	得意先マスターを作成する ………………………………… 102
		●1 作成するクエリの確認 …………………………………… 102
		●2 クエリの作成 ………………………………………………… 102
	Step4	売上データを作成する ……………………………………… 105
		●1 作成するクエリの確認 …………………………………… 105
		●2 クエリの作成 ………………………………………………… 105
		●3 演算フィールドの作成 …………………………………… 108

■第6章　フォームによるデータの入力 --------------------------- 112

- **Check**　この章で学ぶこと …………………………………………… 113
- **Step1**　フォームの概要 ……………………………………………… 114
  - ●1　フォームの概要 ……………………………………………… 114
  - ●2　フォームのビュー …………………………………………… 115
- **Step2**　商品マスターの入力画面を作成する ……………………… 116
  - ●1　作成するフォームの確認 …………………………………… 116
  - ●2　フォームの作成 ……………………………………………… 116
  - ●3　フォームビューの画面構成 ………………………………… 122
  - ●4　データの入力 ………………………………………………… 123
  - ●5　テーブルの確認 ……………………………………………… 126
- **Step3**　商品マスターの入力画面を編集する ……………………… 127
  - ●1　編集するフォームの確認 …………………………………… 127
  - ●2　レイアウトビューで開く …………………………………… 128
  - ●3　コントロールのサイズ変更 ………………………………… 129
- **Step4**　得意先マスターの入力画面を作成する …………………… 130
  - ●1　作成するフォームの確認 …………………………………… 130
  - ●2　フォームの作成 ……………………………………………… 130
  - ●3　データの入力 ………………………………………………… 133
  - ●4　編集するフォームの確認 …………………………………… 134
  - ●5　コントロールの削除 ………………………………………… 134
  - ●6　コントロールのサイズ変更と移動 ………………………… 135
  - ●7　コントロールの書式設定 …………………………………… 137
  - ●8　コントロールのプロパティの設定 ………………………… 139
- **Step5**　売上データの入力画面を作成する ………………………… 143
  - ●1　作成するフォームの確認 …………………………………… 143
  - ●2　フォームの作成 ……………………………………………… 143
  - ●3　データの入力 ………………………………………………… 145
  - ●4　コントロールの書式設定 …………………………………… 147
  - ●5　コントロールのプロパティの設定 ………………………… 148
  - ●6　データの入力 ………………………………………………… 149
- **Step6**　担当者マスターの入力画面を作成する …………………… 154
  - ●1　作成するフォームの確認 …………………………………… 154
  - ●2　フォームの作成 ……………………………………………… 154
  - ●3　タイトルの変更 ……………………………………………… 155

■第7章　クエリによるデータの抽出と集計　　156

- **Check**　この章で学ぶこと　　157
- **Step1**　条件に合致する得意先を抽出する　　158
  - ●1　レコードの抽出　　158
  - ●2　単一条件の設定　　158
  - ●3　二者択一の条件の設定　　159
  - ●4　複合条件の設定（AND条件）　　161
  - ●5　複合条件の設定（OR条件）　　162
  - ●6　ワイルドカードの利用　　164
  - ●7　パラメータークエリの作成　　166
- **Step2**　条件に合致する売上データを抽出する　　168
  - ●1　比較演算子の利用　　168
  - ●2　Between And 演算子の利用　　170
  - ●3　Between And 演算子を利用したパラメータークエリの作成　　172
- **Step3**　売上データを集計する　　174
  - ●1　売上データの集計　　174
  - ●2　Where条件の設定　　177
  - ●3　Where条件を利用したパラメータークエリの作成　　178

■第8章　レポートによるデータの印刷　　180

- **Check**　この章で学ぶこと　　181
- **Step1**　レポートの概要　　182
  - ●1　レポートの概要　　182
  - ●2　レポートのビュー　　183
- **Step2**　商品マスターを印刷する　　184
  - ●1　作成するレポートの確認　　184
  - ●2　レポートの作成　　185
  - ●3　ビューの切り替え　　190
  - ●4　レイアウトビューの画面構成　　191
  - ●5　タイトルの変更　　191
  - ●6　コントロールの書式設定　　192
  - ●7　レポートの印刷　　193
- **Step3**　得意先マスターを印刷する（1）　　194
  - ●1　作成するレポートの確認　　194
  - ●2　レポートの作成　　194
  - ●3　コントロールの配置の変更　　199

Step4	得意先マスターを印刷する（2）	202
	●1　作成するレポートの確認	202
	●2　もとになるクエリの確認	203
	●3　レポートの作成	203
	●4　ビューの切り替え	207
	●5　デザインビューの画面構成	208
	●6　セクション間のコントロールの移動	209
Step5	宛名ラベルを作成する	211
	●1　作成するレポートの確認	211
	●2　もとになるクエリの確認	212
	●3　レポートの作成	213
Step6	売上一覧表を印刷する（1）	217
	●1　作成するレポートの確認	217
	●2　もとになるクエリの作成	218
	●3　レポートの作成	219
Step7	売上一覧表を印刷する（2）	223
	●1　作成するレポートの確認	223
	●2　もとになるクエリの確認	224
	●3　レポートの作成	224

■第9章　便利な機能　228

Check	この章で学ぶこと	229
Step1	ナビゲーションフォームを作成する	230
	●1　ナビゲーションフォーム	230
	●2　作成するナビゲーションフォームの確認	230
	●3　ナビゲーションフォームの作成	231
Step2	オブジェクトの依存関係を確認する	233
	●1　オブジェクトの依存関係	233
Step3	PDFファイルとして保存する	235
	●1　PDFファイル	235
	●2　PDFファイルの作成	235
Step4	テンプレートを利用する	238
	●1　テンプレートの利用	238

■総合問題 --- 242

総合問題1　経費管理データベースの作成 ……………………… 243
総合問題2　受注管理データベースの作成 ……………………… 256

■付録　Access 2019の新機能 -------------------------------- 272

Step1　新しいグラフを作成する ……………………………… 273
- ●1　グラフ機能の強化 ……………………………………… 273
- ●2　円グラフの作成 ………………………………………… 274
- ●3　縦棒グラフの作成 ……………………………………… 277

■索引 --- 280

■別冊　総合問題 解答

購入特典

本書を購入された方には、次の特典（PDFファイル）をご用意しています。FOM出版のホームページからダウンロードして、ご利用ください。

特典　データの正規化

Step1　データベースを設計する …………………………………………… 2

Step2　データを正規化する ………………………………………………… 3

【ダウンロード方法】

① 次のホームページにアクセスします。

ホームページ・アドレス

http://www.fom.fujitsu.com/goods/eb/

② 「Access 2019 基礎（FPT1819）」の《特典を入手する》を選択します。

③ 本書の内容に関する質問に回答し、《入力完了》を選択します。

④ ファイル名を選択して、ダウンロードします。

本書をご利用いただく前に

本書で学習を進める前に、ご一読ください。

1 本書の記述について

操作の説明のために使用している記号には、次のような意味があります。

記述	意味	例
☐	キーボード上のキーを示します。	Ctrl　F12
☐＋☐	複数のキーを押す操作を示します。	Ctrl＋O （Ctrlを押しながらOを押す）
《　》	ダイアログボックス名やタブ名、項目名など画面の表示を示します。	《添付ファイル》ダイアログボックスが表示されます。《ホーム》タブを選択します。
「　」	重要な語句や機能名、画面の表示、入力する文字列などを示します。	「データベース」といいます。「バット（木製）」と入力します。

 　学習の前に開くファイル

 　知っておくべき重要な内容

 　知っていると便利な内容

※　補足的な内容や注意すべき内容

 　学習した内容の確認問題

 　確認問題の答え

 　問題を解くためのヒント

2 製品名の記載について

本書では、次の名称を使用しています。

正式名称	本書で使用している名称
Windows 10	Windows 10 または Windows
Microsoft Office 2019	Office 2019 または Office
Microsoft Access 2019	Access 2019 または Access
Microsoft Excel 2019	Excel 2019 または Excel
Microsoft Word 2019	Word 2019 または Word

3 効果的な学習の進め方について

本書の各章は、次のような流れで学習を進めると、効果的な構成になっています。

1 学習目標を確認

学習を始める前に、「この章で学ぶこと」で学習目標を確認しましょう。
学習目標を明確にすることによって、習得すべきポイントが整理できます。

2 章の学習

学習目標を意識しながら、Accessの機能や操作を学習しましょう。

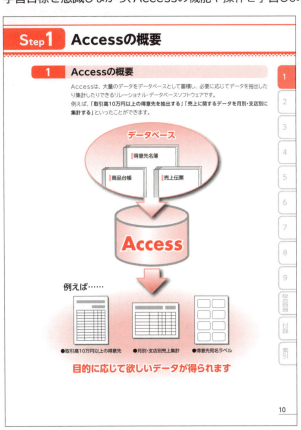

本書をご利用いただく前に

3 学習成果をチェック

章の始めの「この章で学ぶこと」に戻って、学習目標を達成できたかどうかを
チェックしましょう。
十分に習得できなかった内容については、該当ページを参照して復習すると
よいでしょう。

4 総合問題にチャレンジ

すべての章の学習が終わったあと、「総合問題」にチャレンジしましょう。
本書の内容がどれくらい理解できているかを把握できます。

4 学習環境について

本書を学習するには、次のソフトウェアが必要です。

●Access 2019
●Excel 2019

本書を開発した環境は、次のとおりです。
・OS：Windows 10（ビルド17763.134）
・アプリケーションソフト：Microsoft Office Professional Plus 2019
　　　　　　　　　　　　Microsoft Access 2019（16.0.10339.20026）
　　　　　　　　　　　　Microsoft Excel 2019（16.0.10339.20026）
・ディスプレイ：画面解像度　1024×768ピクセル

※インターネットに接続できる環境で学習することを前提に記述しています。
※環境によっては、画面の表示が異なる場合や記載の機能が操作できない場合があります。

◆画面解像度の設定

画面解像度を本書と同様に設定する方法は、次のとおりです。
①デスクトップの空き領域を右クリックします。
②《**ディスプレイ設定**》をクリックします。
③《**解像度**》の⌄をクリックし、一覧から《**1024×768**》を選択します。
※確認メッセージが表示される場合は、《変更の維持》をクリックします。

◆ボタンの形状

ディスプレイの画面解像度やウィンドウのサイズなど、お使いの環境によって、ボタンの形状やサイズが異なる場合があります。ボタンの操作は、ポップヒントに表示されるボタン名を確認してください。
※本書に掲載しているボタンは、ディスプレイの画面解像度を「1024×768ピクセル」、ウィンドウを最大化した環境を基準にしています。

◆色の名前

本書発行後のWindowsやOfficeのアップデートによって、ポップヒントに表示される色などの項目の名前が変更される場合があります。本書に記載されている項目名が一覧にない場合は、掲載画面の色が付いている位置を参考に選択してください。

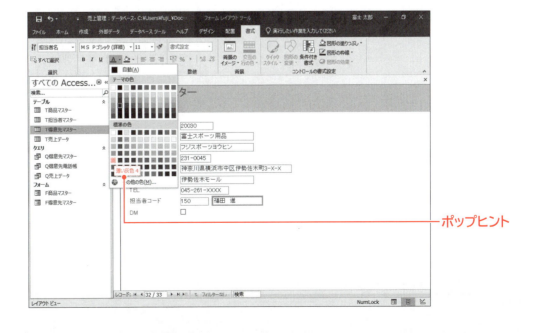

5 学習ファイルのダウンロードについて

本書で使用するファイルは、FOM出版のホームページで提供しています。
ダウンロードしてご利用ください。

ホームページ・アドレス

> http://www.fom.fujitsu.com/goods/

ホームページ検索用キーワード

> FOM出版

◆ダウンロード

学習ファイルをダウンロードする方法は、次のとおりです。
①ブラウザーを起動し、FOM出版のホームページを表示します。
※アドレスを直接入力するか、キーワードでホームページを検索します。
②《ダウンロード》をクリックします。
③《アプリケーション》の《Access》をクリックします。
④《Access 2019 基礎　FPT1819》をクリックします。
⑤「fpt1819.zip」をクリックします。
⑥ダウンロードが完了したら、ブラウザーを終了します。
※ダウンロードしたファイルは、パソコン内のフォルダー「ダウンロード」に保存されます。

◆ダウンロードしたファイルの解凍

ダウンロードしたファイルは圧縮されているので、解凍（展開）します。ダウンロードした
ファイル「fpt1819.zip」を《ドキュメント》に解凍する方法は、次のとおりです。

①デスクトップ画面を表示します。
②タスクバーの ■ （エクスプローラー）を
クリックします。

③《ダウンロード》をクリックします。
※《ダウンロード》が表示されていない場合は、《PC》
をダブルクリックします。
④ファイル「fpt1819.zip」を右クリックします。
⑤《すべて展開》をクリックします。

⑥《参照》をクリックします。

⑦《ドキュメント》をクリックします。
※《ドキュメント》が表示されていない場合は、《PC》をダブルクリックします。
⑧《フォルダーの選択》をクリックします。

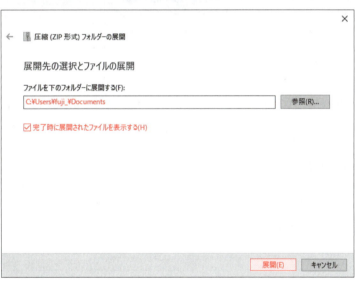

⑨《ファイルを下のフォルダーに展開する》が「C:¥Users¥(ユーザー名)¥Documents」に変更されます。
⑩《完了時に展開されたファイルを表示する》を☑にします。
⑪《展開》をクリックします。

⑫ファイルが解凍され、《ドキュメント》が開かれます。
⑬フォルダー「Access2019基礎」が表示されていることを確認します。
※すべてのウィンドウを閉じておきましょう。

◆学習ファイルの一覧

フォルダー「Access2019基礎」には、学習ファイルが入っています。タスクバーの■（エクスプローラー）→《PC》→《ドキュメント》をクリックし、一覧からフォルダーを開いて確認してください。

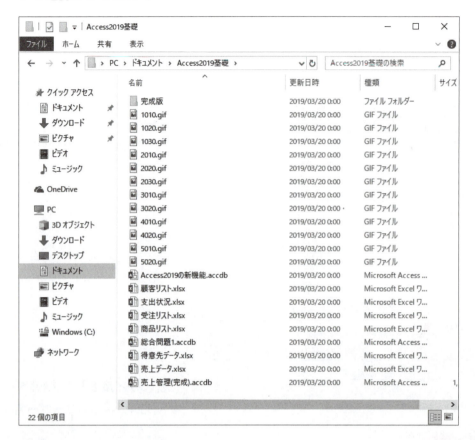

◆学習ファイルの場所

本書では、学習ファイルの場所を《ドキュメント》内のフォルダー「Access2019基礎」としています。《ドキュメント》以外の場所に解凍した場合は、フォルダーを読み替えてください。

◆学習ファイル利用時の注意事項

ダウンロードした学習ファイルを開く際、そのファイルが安全かどうかを確認するメッセージが表示される場合があります。学習ファイルは安全なので、《編集を有効にする》をクリックして、編集可能な状態にしてください。

6 本書の最新情報について

本書に関する最新のQ＆A情報や訂正情報、重要なお知らせなどについては、FOM出版のホームページでご確認ください。

ホームページ・アドレス

http://www.fom.fujitsu.com/goods/

ホームページ検索用キーワード

FOM出版

第1章

Accessの基礎知識

Check	この章で学ぶこと	9
Step1	Accessの概要	10
Step2	Accessを起動する	13
Step3	データベースを開く	16
Step4	Accessの画面構成	19
Step5	データベースの構成要素と基本操作	21
Step6	データベースを閉じる	28
Step7	Accessを終了する	29

第1章 この章で学ぶこと

学習前に習得すべきポイントを理解しておき、
学習後には確実に習得できたかどうかを振り返りましょう。

1	Accessで何ができるかを説明できる。	☑☑☑ → P.10
2	データベースとデータベースソフトウェアについて説明できる。	☑☑☑ → P.11
3	リレーショナル・データベースについて説明できる。	☑☑☑ → P.12
4	Accessを起動できる。	☑☑☑ → P.13
5	既存のデータベースを開くことができる。	☑☑☑ → P.16
6	Accessの画面の各部の名称や役割を説明できる。	☑☑☑ → P.19
7	データベースオブジェクトについて説明できる。	☑☑☑ → P.21
8	オブジェクトの役割を理解し、使い分けることができる。	☑☑☑ → P.22
9	ナビゲーションウィンドウの各部の名称や役割を説明できる。	☑☑☑ → P.24
10	オブジェクトを開くことができる。	☑☑☑ → P.25
11	オブジェクトを閉じることができる。	☑☑☑ → P.26
12	データベースを閉じることができる。	☑☑☑ → P.28
13	Accessを終了できる。	☑☑☑ → P.29

Step 1 Accessの概要

1 Accessの概要

Accessは、大量のデータをデータベースとして蓄積し、必要に応じてデータを抽出したり集計したりできるリレーショナル・データベースソフトウェアです。
例えば、「**取引高10万円以上の得意先を抽出する**」「**売上に関するデータを月別・支店別に集計する**」といったことができます。

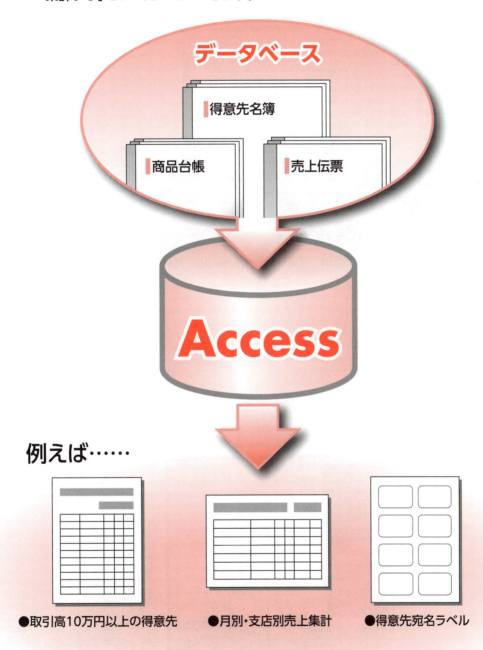

2 データベースとデータベースソフトウェア

「**データベース**」とは、特定のテーマや目的にそって集められたデータの集まりです。
例えば、「**商品台帳**」「**得意先名簿**」「**売上伝票**」のように関連する情報をひとまとめにした帳簿などがデータベースです。

「**データベースソフトウェア**」とは、データベースを作成し、管理するためのソフトウェアです。帳簿などの紙で管理していたデータをコンピューターで管理すると、より有効に活用できるようになります。

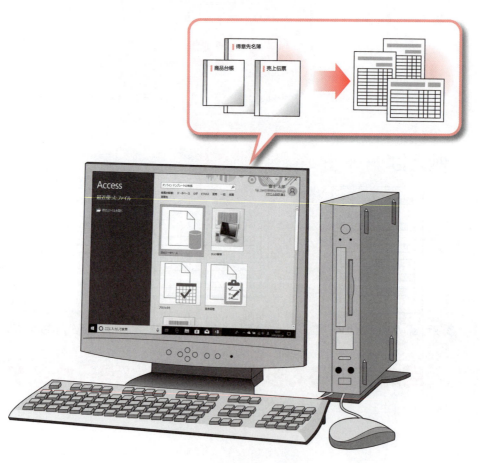

3 リレーショナル・データベース

「**リレーショナル・データベース**」とは、データを目的ごとに分類した表で管理し、それぞれの表を相互に関連付けたデータベースのことです。

例えば、「**売上伝票**」を作成する場合、データを「**売上データ**」「**得意先**」「**商品**」の3つの表に分類し、それぞれに該当するデータを蓄積します。その際、得意先コードや商品コードなどを利用してそれぞれの表を関連付けると、効率よくデータの入力や更新ができるだけでなく、ディスク容量を節約できるという利点があります。

リレーショナル・データベースを作成し、管理するソフトウェアを「**リレーショナル・データベースソフトウェア**」といいます。Accessは、リレーショナル・データベースソフトウェアに分類されます。

●売上伝票

受注番号	売上日	得意先コード	得意先名	商品コード	商品名	単価	数量	金額
1	2019/11/05	120	みらいデパート	1003	シュガー入れ	¥3,800	6	¥22,800
2	2019/11/05	130	ガラスの花田	1001	コーヒーカップ	¥2,500	10	¥25,000
3	2019/11/06	140	ヨコハマ販売	1001	コーヒーカップ	¥2,500	8	¥20,000
4	2019/11/07	110	富士工芸	1004	ディナー皿	¥2,800	5	¥14,000
5	2019/11/07	110	ふじ工芸	1001	コーヒーカップ	¥2,500	15	¥37,500

データの入力ミスが発生しやすい

データが重複するため、ディスク容量に無駄が増える

リレーショナル・データベースを作成すると

●売上データ

受注番号	売上日	得意先コード	商品コード	数量	金額
1	2019/11/05	120	1003	6	¥22,800
2	2019/11/05	130	1001	10	¥25,000
3	2019/11/06	140	1001	8	¥20,000
4	2019/11/07	110	1004	5	¥14,000
5	2019/11/07	110	1001	15	¥37,500

得意先名や商品名を入力する必要がない

関連付け　　関連付け

●得意先

得意先コード	得意先名	〒	住所	電話番号
110	富士工芸	231-0051	神奈川県横浜市中区赤門町	045-227-XXXX
120	みらいデパート	230-0001	神奈川県横浜市鶴見区矢向	045-551-XXXX
130	ガラスの花田	169-0071	東京都新宿区戸塚町	03-3456-XXXX
140	ヨコハマ販売	227-0062	神奈川県横浜市青葉区青葉台	045-981-XXXX

●商品

商品コード	商品名	単価
1001	コーヒーカップ	¥2,500
1002	ポット	¥6,000
1003	シュガー入れ	¥3,800
1004	ディナー皿	¥2,800

Step2 Accessを起動する

1 Accessの起動

Accessを起動しましょう。

① ⊞（スタート）をクリックします。
スタートメニューが表示されます。

②《Access》をクリックします。

Accessが起動し、Accessのスタート画面が表示されます。

③タスクバーに ▣ が表示されていることを確認します。

※ウィンドウが最大化されていない場合は、▫（最大化）をクリックしておきましょう。

2 Accessのスタート画面

Accessが起動すると、「**スタート画面**」が表示されます。
スタート画面でこれから行う作業を選択します。スタート画面を確認しましょう。

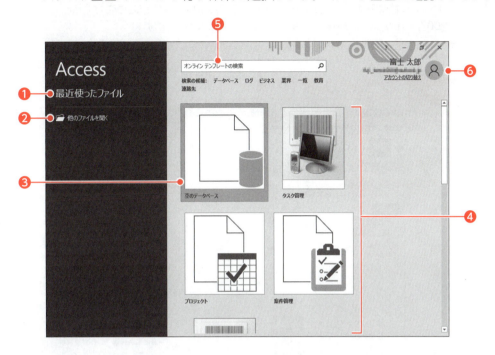

❶最近使ったファイル
最近開いたデータベースがある場合、その一覧が表示されます。
一覧から選択すると、データベースが開かれます。

❷他のファイルを開く
すでに保存済みのデータベースを開く場合に使います。

❸空のデータベース
新しいデータベースを作成します。
テーブルなどが何も存在しない空のデータベースが表示されます。

❹その他のデータベース
新しいデータベースを作成します。
あらかじめテーブルやクエリ、フォーム、レポートなどが用意されているデータベースが表示されます。

❺検索ボックス
あらかじめテーブルやクエリ、フォーム、レポートなどが用意されているテンプレート（データベースのひな型）をインターネット上から検索する場合に使います。

❻Microsoftアカウントのユーザー情報
Microsoftアカウントでサインインしている場合、その表示名やメールアドレスなどが表示されます。
※サインインしなくても、Accessを利用できます。

POINT サインイン・サインアウト

「サインイン」とは、正規のユーザーであることを証明し、サービスを利用できる状態にする操作です。
「サインアウト」とは、サービスの利用を終了する操作です。

POINT　Access 2019のファイル形式

Access 2019でデータベースを作成・保存すると、自動的に拡張子「.accdb」が付きます。
Access 2003以前のバージョンで作成・保存されているデータベースの拡張子は「.mdb」で、ファイル形式が異なります。
ファイルの拡張子は、Access 97/2000/2002/2003の各バージョンでは「.mdb」でしたが、Access 2007/2010/2013/2016/2019では「.accdb」になっています。

STEP UP　ファイルの拡張子の表示

Windowsの設定によって、拡張子が表示されない場合があります。
拡張子を表示する方法は、次のとおりです。

◆ ■ (エクスプローラー)→《表示》タブ→《表示/非表示》グループの《☑ファイル名拡張子》
※本書では、拡張子を表示しています。

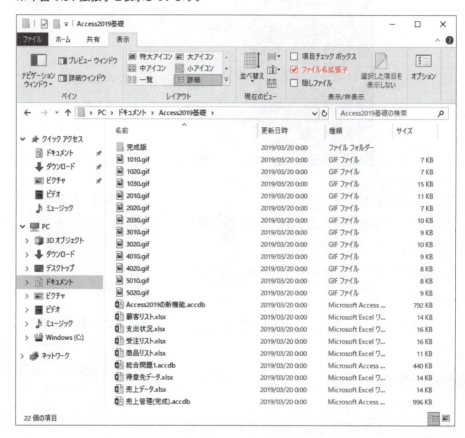

Step3 データベースを開く

1 データベースを開く

すでに保存済みのデータベースを表示することを「**データベースを開く**」といいます。
スタート画面からデータベース「**売上管理(完成)**」を開きましょう。

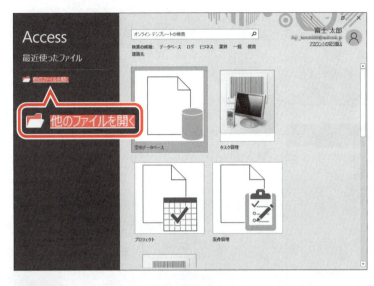

①スタート画面が表示されていることを確認します。
②《**他のファイルを開く**》をクリックします。

データベースが保存されている場所を選択します。
③《**参照**》をクリックします。

《**ファイルを開く**》ダイアログボックスが表示されます。
④《**ドキュメント**》が開かれていることを確認します。
※《ドキュメント》が聞かれていない場合は、《PC》→《ドキュメント》を選択します。
⑤一覧から「**Access2019基礎**」を選択します。
⑥《**開く**》をクリックします。

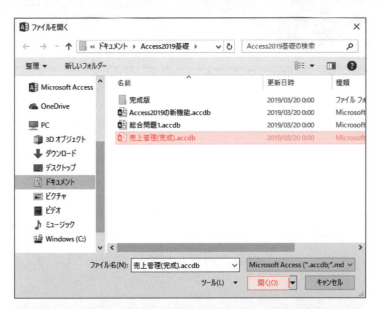

開くデータベースを選択します。

⑦一覧から「売上管理(完成).accdb」を選択します。

⑧《開く》をクリックします。

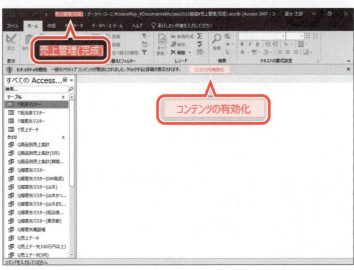

データベースが開かれます。

⑨タイトルバーにデータベース名が表示されていることを確認します。

⑩《セキュリティの警告》メッセージバーの《コンテンツの有効化》をクリックします。

POINT　データベースを開く

Accessを起動した状態で、すでに保存済みのデータベースを開く方法は、次のとおりです。
◆《ファイル》タブ→《開く》

POINT　セキュリティの警告

ウイルスを含むデータベースを開くと、パソコンがウイルスに感染し、システムが正常に動作しなくなったり、データベースが破壊されたりすることがあります。
Accessではデータベースを開くと、メッセージバーに次のようなセキュリティに関する警告が表示されます。

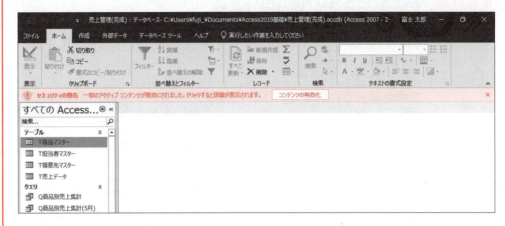

データベースの発行元が信頼できるなど、安全であることがわかっている場合は、《セキュリティの警告》メッセージバーの《コンテンツの有効化》をクリックします。インターネットからダウンロードしたデータベースなど、作成者の不明なデータベースはウイルスの危険が否定できないため、《コンテンツの有効化》をクリックしない方がよいでしょう。

STEP UP　信頼できる場所の追加

特定のフォルダーを信頼できる場所として設定して、そのフォルダーにデータベースを入れておくと、毎回セキュリティの警告を表示せずにデータベースを開くことができます。

◆《ファイル》タブ→《オプション》→左側の一覧から《セキュリティセンター》を選択→《セキュリティセンターの設定》→左側の一覧から《信頼できる場所》を選択→《新しい場所の追加》→《パス》を設定

Step4 Accessの画面構成

1 Accessの画面構成

Accessの画面構成を確認しましょう。

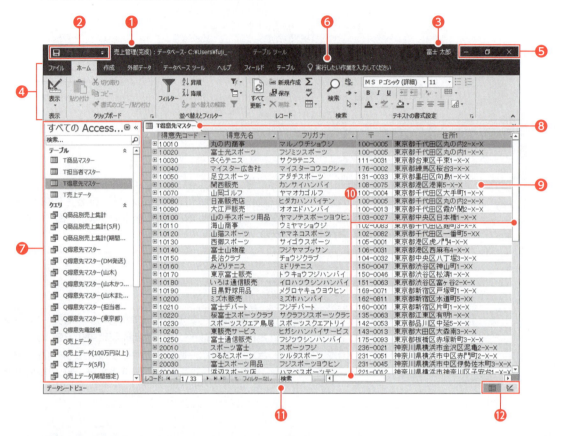

❶ **タイトルバー**

データベース名が表示されます。

❷ **クイックアクセスツールバー**

よく使うコマンド（作業を進めるための指示）を登録できます。初期の設定では、■（上書き保存）、■（元に戻す）、■（やり直し）の3つのコマンドが登録されています。

※タッチ対応のパソコンでは、3つのコマンドのほかに、■（タッチ/マウスモードの切り替え）が登録されています。

❸ **Microsoftアカウントの表示名**

サインインしている場合に表示されます。

❹ **リボン**

コマンドを実行するときに使います。関連する機能ごとに、タブに分類されています。

❺ウィンドウの操作ボタン

■（最小化）

ウィンドウが一時的に非表示になり、タスクバーにアイコンで表示されます。

■（元に戻す（縮小））

ウィンドウが元のサイズに戻ります。

※ ■（最大化）
　ウィンドウを元のサイズに戻すと、■（元に戻す（縮小））から■（最大化）に切り替わります。クリックすると、ウィンドウが最大化されて、画面全体に表示されます。

■（閉じる）

Accessを終了します。

❻操作アシスト

機能や用語の意味を調べたり、リボンから探し出せないコマンドをダイレクトに実行したりするときに使います。

❼ナビゲーションウィンドウ

オブジェクトの一覧が表示されます。

❽タブ

オブジェクトの表示を切り替えるときに使います。

❾オブジェクトウィンドウ

ナビゲーションウィンドウで選択したオブジェクトを表示したり、編集したりするときに使います。

❿スクロールバー

オブジェクトウィンドウの表示領域を移動するときに使います。

⓫ステータスバー

ビューの名前や現在の作業状況などが表示されます。

⓬ビュー切り替えボタン

ビューを切り替えるときに使います。

STEP UP 操作アシスト

ヘルプ機能を強化した「操作アシスト」を使うと、機能や用語の意味を調べるだけでなく、リボンから探し出せないコマンドをダイレクトに実行することもできます。

操作アシストを使って、コマンドをダイレクトに実行する方法は、次のとおりです。

◆《実行したい作業を入力してください》に検索する文字を入力→一覧からコマンドを選択

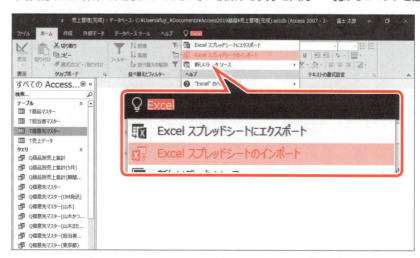

Step 5 データベースの構成要素と基本操作

1 データベースオブジェクト

Accessのひとつのデータベースは、「**データベースオブジェクト**」から構成されています。Accessのデータベースはデータベースオブジェクトを格納するための入れ物のようなものととらえるとよいでしょう。

データベースオブジェクトは「**オブジェクト**」ともいい、次のような種類があります。

- テーブル
- クエリ
- フォーム
- レポート
- マクロ
- モジュール

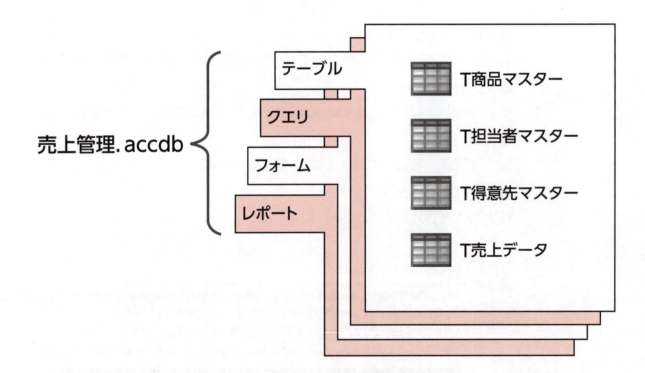

2 オブジェクトの役割

オブジェクトにはそれぞれ役割があります。その役割を理解することがデータベースを構築するうえで重要です。

●テーブル

データを「**格納**」するためのオブジェクトです。

●クエリ

データを「**加工**」するためのオブジェクトです。
データの抽出、集計、分析などができます。

●フォーム

データを「入力」したり、「更新」したりするためのオブジェクトです。

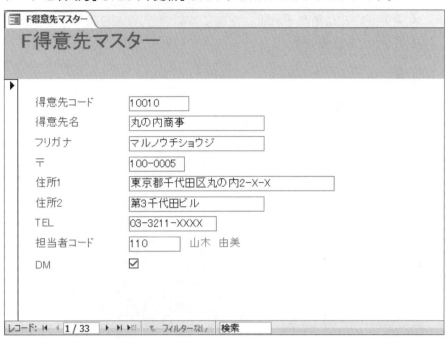

●レポート

データを「印刷」するためのオブジェクトです。

データを一覧で印刷する以外に、宛名ラベルや伝票、はがきなど様々な形式で印刷できます。

●マクロ

複雑な操作や繰り返し行う操作を自動化するためのオブジェクトです。

●モジュール

マクロでは作成できない複雑かつ高度な処理を行うためのオブジェクトです。

3 ナビゲーションウィンドウ

新規にデータベースを作成したり、既存のデータベースを開いたりするとナビゲーションウィンドウが表示されます。
各部の名称と役割を確認しましょう。

❶メニュー（すべてのAccessオブジェクト）
ナビゲーションウィンドウに表示されるオブジェクトのカテゴリやグループを変更できます。表示されるオブジェクトのカテゴリやグループを変更するには、メニューをクリックして一覧から選択します。

❷ « （シャッターバーを開く/閉じるボタン）
ナビゲーションウィンドウが一時的に非表示になります。
バーの « をクリックすると » に切り替わり、ナビゲーションウィンドウが非表示になります。 » をクリックすると、ナビゲーションウィンドウが表示されます。

❸検索バー
ナビゲーションウィンドウに表示されているオブジェクトを検索することができます。
※表示されていない場合は、メニューを右クリックし、《検索バー》をクリックすると表示されます。

❹グループ
初期の設定で、オブジェクトの種類ごとにバーが表示されます。
バーの ⌃ をクリックすると ⌄ に切り替わり、グループが非表示になります。 ⌄ をクリックすると、グループが表示されます。

❺データベースオブジェクト
テーブルやクエリ、フォーム、レポートなど、データベース内のオブジェクトが表示されます。

4 オブジェクトを開く

既存のオブジェクトをオブジェクトウィンドウに表示することを「**オブジェクトを開く**」といいます。
テーブル「T商品マスター」を開きましょう。

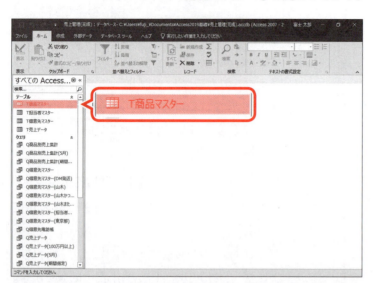

①ナビゲーションウィンドウの「**T商品マスター**」をダブルクリックします。

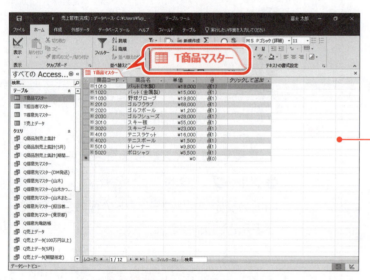

オブジェクトウィンドウにオブジェクトが開かれます。

②タブにオブジェクト名が表示されていることを確認します。

オブジェクトウィンドウ

STEP UP その他の方法（オブジェクトを開く）

◆ナビゲーションウィンドウのオブジェクトを右クリック→《開く》

STEP UP オブジェクトウィンドウ

オブジェクトウィンドウは、開いているオブジェクトの種類によって名称が異なります。例えば、テーブルを開いているときは「テーブルウィンドウ」、クエリを開いているときは「クエリウィンドウ」になります。

5 オブジェクトを閉じる

開いているオブジェクトの作業を終了することを**「オブジェクトを閉じる」**といいます。
テーブル**「T商品マスター」**を閉じましょう。

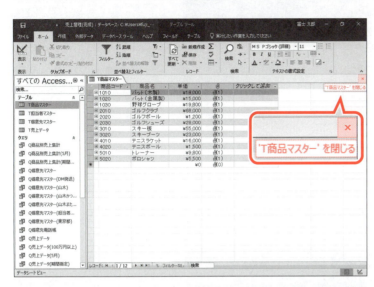

①テーブルウィンドウの × （'T商品マスター'を閉じる）をクリックします。

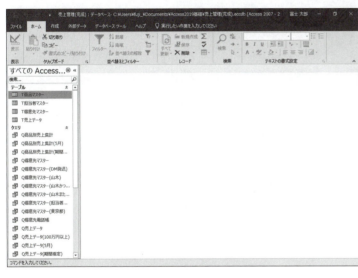

テーブルが閉じられます。

その他の方法（オブジェクトを閉じる）

◆タブを右クリック→《閉じる》
◆ Ctrl + W

Let's Try ためしてみよう

① クエリ「Q得意先電話帳」を開いて、内容を確認しましょう。確認したらオブジェクトを閉じましょう。

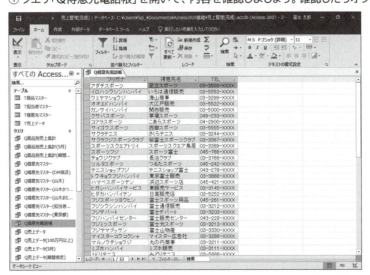

②フォーム「F得意先マスター」を開いて、内容を確認しましょう。確認したらオブジェクトを閉じましょう。

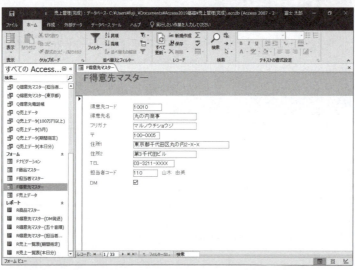

③レポート「R得意先マスター（五十音順）」を開いて、内容を確認しましょう。確認したらオブジェクトを閉じましょう。

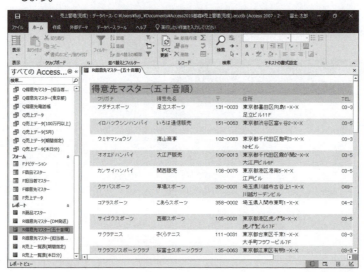

①
①ナビゲーションウィンドウのクエリ「Q得意先電話帳」をダブルクリック
②クエリウィンドウの ｘ （'Q得意先電話帳'を閉じる）をクリック

②
①ナビゲーションウィンドウのフォーム「F得意先マスター」をダブルクリック
②フォームウィンドウの ｘ （'F得意先マスター'を閉じる）をクリック

③
①ナビゲーションウィンドウのレポート「R得意先マスター（五十音順）」をダブルクリック
②レポートウィンドウの ｘ （'R得意先マスター（五十音順）'を閉じる）をクリック

Step6 データベースを閉じる

1 データベースを閉じる

開いているデータベースの作業を終了することを「**データベースを閉じる**」といいます。
データベース「**売上管理(完成)**」を閉じましょう。

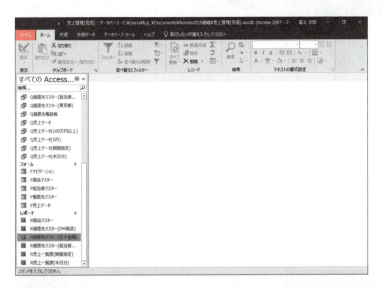

①《**ファイル**》タブを選択します。

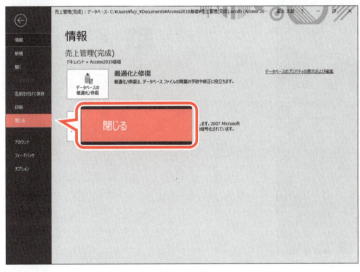

②《**閉じる**》をクリックします。

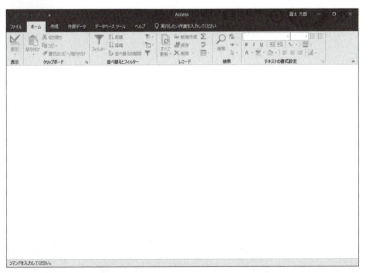

データベースが閉じられます。
③タイトルバーからデータベース名が消えていることを確認します。

Step 7　Accessを終了する

1　Accessの終了

Accessを終了しましょう。

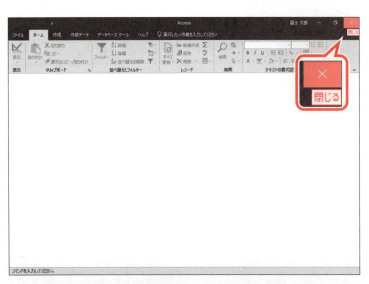

①　×（閉じる）をクリックします。

Accessのウィンドウが閉じられ、デスクトップが表示されます。
②タスクバーから が消えていることを確認します。

> **STEP UP**　その他の方法（Accessの終了）
> ◆ Alt + F4

第2章

データベースの設計と作成

Check	この章で学ぶこと	31
Step1	データベース構築の流れを確認する	32
Step2	データベースを設計する	33
Step3	データベースを新規に作成する	35

第2章 この章で学ぶこと

学習前に習得すべきポイントを理解しておき、
学習後には確実に習得できたかどうかを振り返りましょう。

1 データベース構築の流れを説明できる。 → P.32

2 データベースの設計について説明できる。 → P.33

3 データベースを新規に作成できる。 → P.35

Step 1 データベース構築の流れを確認する

1 データベース構築の流れ

Accessでデータベースを構築する基本的な手順は、次のとおりです。

1 データベースを設計する

データベースの目的を明確にし、印刷結果や入力項目を考え、テーブルを設計します。

2 データベースを新規に作成する

各オブジェクトをまとめて格納するためのデータベースを作成します。

3 テーブルを作成する

テーマごとにデータを分類して格納します。

4 リレーションシップを作成する

複数に分けたテーブル間の共通フィールドを関連付けます。

5 クエリを作成する

必要なフィールドを組み合わせて仮想テーブルを編成します。
テーブルから条件に合うデータを抽出したり、データを集計したりします。

6 フォームを作成する

データを入力するための画面を作成します。

7 レポートを作成する

データを見栄えのするように印刷します。データを並べ替えて印刷したり、宛名ラベルとして印刷したりします。

Step2 データベースを設計する

1 データベースの設計

データベースを構築する前に、どのような用途で利用するのか目的を明確にしておきましょう。目的に合わせた印刷結果や、その結果を得るために必要となる入力項目などを決定し、それをもとに合理的にテーブルを設計します。

1 目的を明確にする

業務の流れを分析し、売上管理、顧客管理など、データベースの目的を明確にします。

2 印刷結果や入力項目を考える

最終的に必要となる印刷結果のイメージと、それに合わせた入力項目を決定します。

●印刷結果

売上一覧表

売上番号	売上日	得意先コード	得意先名	商品コード	商品名	単価	数量	金額
1	2019/04/01	10010	丸の内商事	1020	バット(金属製)	¥15,000	5	¥75,000
2	2019/04/01	10220	桜富士スポーツクラブ	2030	ゴルフシューズ	¥28,000	3	¥84,000
3	2019/04/02	20020	つるたスポーツ	3020	スキーブーツ	¥23,000	5	¥115,000
4	2019/04/02	10240	東販売サービス	1010	バット(木製)	¥18,000	4	¥72,000
5	2019/04/03	10020	富士光スポーツ	3010	スキー板	¥55,000	10	¥550,000

●入力項目

売上伝票入力

売上番号	1
売上日	2019/04/01
得意先コード	10010
得意先名	丸の内商事
商品コード	1020
商品名	バット(金属製)
単価	¥15,000
数量	5
金額	¥75,000

3 テーブルを設計する

決定した入力項目をもとに、テーブルを設計します。テーブル同士は共通の項目で関連付け、必要に応じてデータを参照させることができます。各入力項目を分類してテーブルを分けることで、重複するデータ入力を避け、ディスク容量の無駄や入力ミスなどが起こりにくいデータベースを構築できます。

●売上伝票

売上番号	売上日	得意先コード	得意先名	商品コード	商品名	単価	数量	金額
1	2019/04/01	10010	丸の内商事	1020	バット(金属製)	¥15,000	5	¥75,000
2	2019/04/01	10220	桜富士スポーツクラブ	2030	ゴルフシューズ	¥28,000	3	¥84,000
3	2019/04/02	20020	つるたスポーツ	3020	スキーブーツ	¥23,000	5	¥115,000
4	2019/04/02	10240	東販売サービス	1010	バット(木製)	¥18,000	4	¥72,000
5	2019/04/03	10020	富士光スポーツ	3010	スキー板	¥55,000	10	¥550,000

分類して別のテーブルに分け、参照する

分類して別のテーブルに分け、参照する

●得意先マスター

得意先コード	得意先名
10010	丸の内商事
10020	富士光スポーツ
10030	さくらテニス
10040	マイスター広告社
10050	足立スポーツ

●売上データ

売上番号	売上日	得意先コード	商品コード	数量
1	2019/04/01	10010	1020	5
2	2019/04/01	10220	2030	3
3	2019/04/02	20020	3020	5
4	2019/04/02	10240	1010	4
5	2019/04/03	10020	3010	10

●商品マスター

商品コード	商品名	単価
1010	バット(木製)	¥18,000
1020	バット(金属製)	¥15,000
1030	野球グローブ	¥19,800
2010	ゴルフクラブ	¥68,000
2020	ゴルフボール	¥1,200

関連付け

関連付け

Step3 データベースを新規に作成する

1 作成するデータベースの確認

本書で作成する「**売上管理.accdb**」の概要は、次のとおりです。

●目的
あるスポーツ用品の卸業者を例に、次のデータを管理します。

- ●商品に関するデータ（商品コード、商品名、単価など）
- ●担当者に関するデータ（担当者コード、担当者名）
- ●得意先に関するデータ（得意先コード、得意先名、住所など）
- ●売上に関するデータ（売上日、得意先コード、商品コード、数量など）

●テーブルの設計
次の4つのテーブルに分類して、データを格納します。

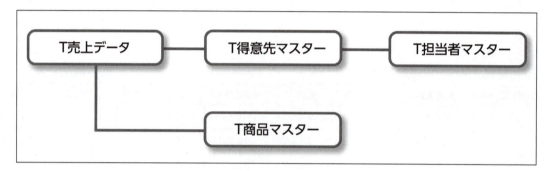

2 データベースの新規作成

Accessを起動し、「**売上管理.accdb**」という名前のデータベースを新規に作成しましょう。

①Accessを起動し、Accessのスタート画面を表示します。
②《**空のデータベース**》をクリックします。

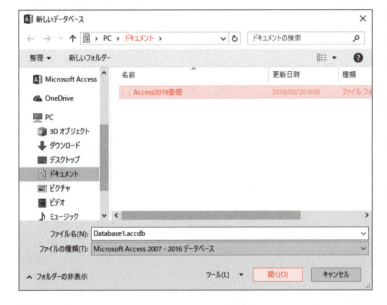

《空のデータベース》が表示されます。

データベースを保存する場所を選択します。

③《ファイル名》の 📁 (データベースの保存場所を指定します) をクリックします。

《新しいデータベース》ダイアログボックスが表示されます。

④《ドキュメント》が開かれていることを確認します。

※《ドキュメント》が開かれていない場合は、《PC》→《ドキュメント》を選択します。

⑤一覧から「Access2019基礎」を選択します。

⑥《開く》をクリックします。

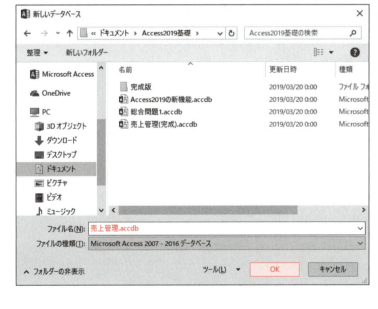

⑦《ファイル名》に「売上管理.accdb」と入力します。

※「.accdb」は省略できます。

⑧《OK》をクリックします。

《空のデータベース》に戻ります。

⑨《ファイル名》に「**売上管理.accdb**」と表示されていることを確認します。

⑩《ファイル名》の下に「**C:¥Users¥(ユーザー名)¥Documents¥Access2019基礎¥**」と表示されていることを確認します。

⑪《作成》をクリックします。

新しいデータベースが作成され、ナビゲーションウィンドウとテーブルが表示されます。

⑫タイトルバーにデータベース名が表示されていることを確認します。

POINT 新しいデータベースの作成

Accessのウィンドウが開いている状態で、新しいデータベースを作成する方法は、次のとおりです。

◆《ファイル》タブ→《新規》→《空のデータベース》

第3章

テーブルによるデータの格納

Check	この章で学ぶこと	39
Step1	テーブルの概要	40
Step2	テーブルとフィールドを検討する	42
Step3	商品マスターを作成する	45
Step4	得意先マスターを作成する	65
Step5	売上データを作成する	73

第3章 この章で学ぶこと

学習前に習得すべきポイントを理解しておき、
学習後には確実に習得できたかどうかを振り返りましょう。

1	テーブルで何ができるかを説明できる。	☑☑☑	→ P.40
2	テーブルのビューの違いを理解し、使い分けることができる。	☑☑☑	→ P.41
3	データ型の違いを理解し、フィールドを設定できる。	☑☑☑	→ P.49
4	主キーを設定できる。	☑☑☑	→ P.55
5	テーブルに名前を付けて保存できる。	☑☑☑	→ P.56
6	テーブルのビューの切り替えができる。	☑☑☑	→ P.57
7	レコードを入力できる。	☑☑☑	→ P.59
8	添付ファイルを挿入できる。	☑☑☑	→ P.60
9	フィールドの列幅を調整できる。	☑☑☑	→ P.62
10	テーブルを上書き保存できる。	☑☑☑	→ P.63
11	既存テーブルにデータをインポートできる。	☑☑☑	→ P.67
12	新規テーブルにデータをインポートできる。	☑☑☑	→ P.74

Step 1 テーブルの概要

1 テーブルの概要

「**テーブル**」とは、特定のテーマに関するデータを格納するためのオブジェクトです。Accessで作成するデータベースのデータは、すべてテーブルに格納されます。特定のテーマごとに個々のテーブルを作成し、データを分類して蓄積することにより、データベースを効率よく構築できます。

1 レコード

「**レコード**」とは、テーブルに格納する1件分のデータのことです。
※レコードは「行」ともいいます。

2 フィールド

「**フィールド**」とは、レコードの中のひとつの項目で、「**商品コード**」や「**商品名**」など特定の種類のデータのことです。
※フィールドは「列」ともいいます。

T商品マスター			
商品コード	商品名	単価	
1010	バット(木製)	¥18,000	(1)
1020	バット(金属製)	¥15,000	(1)
1030	野球グローブ	¥19,800	(1)
2010	ゴルフクラブ	¥68,000	(1)
2020	ゴルフボール	¥1,200	(1)
2030	ゴルフシューズ	¥28,000	(1)
3010	スキー板	¥55,000	(1)
3020	スキーブーツ	¥23,000	(1)
4010	テニスラケット	¥16,000	(1)
4020	テニスボール	¥1,500	(1)
5010	トレーナー	¥9,800	(1)

3 主キー

「**主キー**」とは、「**商品コード**」のように各レコードを固有のものとして認識するためのフィールドです。主キーの設定によって、レコードの抽出や検索を高速に行うことができます。
主キーとして設定されるフィールドには重複するデータを入力することはできません。

例：同姓同名の社員がいた場合

名前	部署
田中 一郎	人事部
田中 一郎	営業部
⋮	⋮

名前だけではどちらかわからない
探すのに時間がかかる

→ 主キーを設定

従業員番号	名前	部署
1001	田中 一郎	人事部
2010	田中 一郎	営業部
⋮	⋮	⋮

従業員番号で識別し、高速に検索

2 テーブルのビュー

テーブルには、次のようなビューがあります。

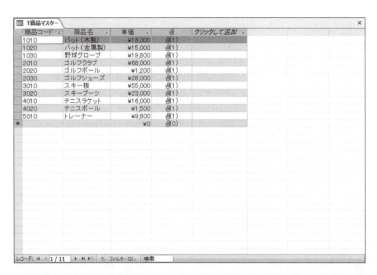

●データシートビュー

データシートビューは、データを入力したり、表示したりするビューです。データをExcelのようなワークシート形式で表示します。

●デザインビュー

デザインビューは、テーブルの構造を定義するビューです。
データを入力したり、編集したりすることはできません。

Step2 テーブルとフィールドを検討する

1 テーブルの検討

データを効率よく利用できるようにテーブルの構成を検討しましょう。
同じデータが繰り返し入力される場合、そのフィールドを別のテーブルに分けるとよいでしょう。データの入力を簡単にし、ディスク容量を節約できます。
次のような「売上データ」を作成する場合、「T得意先マスター」「T担当者マスター」「T商品マスター」「T売上データ」の4つのテーブルから構築します。

●売上データ

売上日	得意先コード	得意先名	担当者コード	担当者名	商品コード	商品名	単価	数量	金額
2019/04/01	10010	丸の内商事	110	山木　由美	1020	バット(金属製)	¥15,000	5	¥75,000
2019/04/01	10220	桜富士スポーツクラブ	130	安藤　百合子	2030	ゴルフシューズ	¥28,000	3	¥84,000
2019/04/02	20020	つるたスポーツ	110	山木　由美	3020	スキーブーツ	¥23,000	5	¥115,000
2019/04/02	10240	東販売サービス	150	福田　進	1010	バット(木製)	¥18,000	4	¥72,000
2019/04/03	10020	富士光スポーツ	140	吉岡　雄介	3010	スキー板	¥55,000	10	¥550,000

●T売上データ

売上番号	売上日	得意先コード	商品コード	数量
1	2019/04/01	10010	1020	5
2	2019/04/01	10220	2030	3
3	2019/04/02	20020	3020	5
4	2019/04/02	10240	1010	4
5	2019/04/03	10020	3010	10

●T得意先マスター

得意先コード	得意先名	フリガナ	〒	住所1	住所2	TEL	担当者コード	DM
10010	丸の内商事	……	…	………	………	……	110	…
10020	富士光スポーツ	……	…	………	………	……	140	…
10030	さくらテニス	……	…	………	………	……	110	…
10040	マイスター広告社	……	…	………	………	……	130	…
10050	足立スポーツ	……	…	………	………	……	150	…
10060	関西販売	……	…	………	………	……	150	…

●T商品マスター

商品コード	商品名	単価	商品画像
1010	バット(木製)	¥18,000	…
1020	バット(金属製)	¥15,000	…
1030	野球グローブ	¥19,800	…
2010	ゴルフクラブ	¥68,000	…
2020	ゴルフボール	¥1,200	…
2030	ゴルフシューズ	¥28,000	…

●T担当者マスター

担当者コード	担当者名
110	山木　由美
120	佐伯　浩太
130	安藤　百合子
140	吉岡　雄介
150	福田　進

2 フィールドの検討

それぞれのテーブルに、必要なフィールドを検討します。

●T商品マスター

テーブル「**T商品マスター**」には、「**商品名**」「**単価**」「**商品画像**」フィールドを設定します。各レコードを固有のものとして識別するために「**商品コード**」フィールドを追加し、このフィールドに主キーを設定します。

```
T商品マスター

商品コード
商品名
単価
商品画像
```

●T担当者マスター

テーブル「**T担当者マスター**」には、「**担当者名**」フィールドを設定します。各レコードを固有のものとして識別するために「**担当者コード**」フィールドを追加し、このフィールドに主キーを設定します。

```
T担当者マスター

担当者コード
担当者名
```

●T得意先マスター

テーブル「**T得意先マスター**」には、「**得意先名**」「**フリガナ**」「**〒**」「**住所1**」「**住所2**」「**TEL**」「**担当者コード**」「**DM**」フィールドを設定します。各レコードを固有のものとして識別するために「**得意先コード**」フィールドを追加し、このフィールドに主キーを設定します。

テーブル「**T得意先マスター**」とテーブル「**T担当者マスター**」を共通フィールドで関連付けることにより、「**担当者名**」を自動的に参照させます。

※テーブル間の関連付けについては、P.80「第4章　リレーションシップの作成」で学習します。

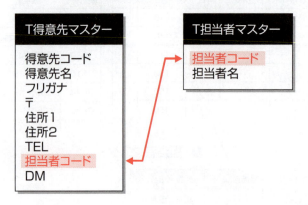

●T売上データ

売上データに必要なフィールドは、次のとおりです。　　　　　のフィールドは設定せずに、テーブルを関連付けすることでほかのテーブルから自動的に参照させたり、既存のフィールドをもとに計算させたりします。

上記のフィールドのうち、自動的に参照させたり計算させたりするフィールドを除きます。さらに、入力した順番に管理番号を取るために「**売上番号**」フィールドを追加し、このフィールドに主キーを設定します。

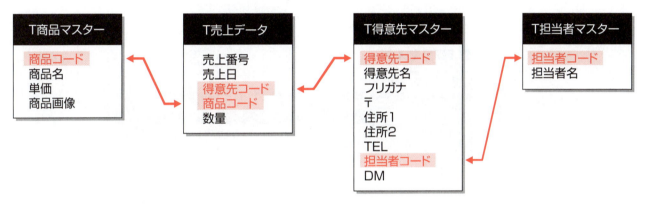

※既存のフィールドをもとに計算する方法については、P.88「第5章　クエリによるデータの加工」で学習します。

Step3 商品マスターを作成する

1 作成するテーブルの確認

次のようなテーブル「T商品マスター」を作成しましょう。

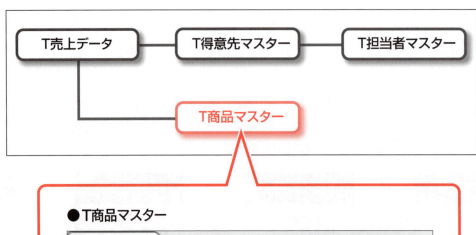

●T商品マスター

商品コード	商品名	単価	📎
1010	バット（木製）	¥18,000	(1)
1020	バット（金属製）	¥15,000	(1)
1030	野球グローブ	¥19,800	(1)
2010	ゴルフクラブ	¥68,000	(1)
2020	ゴルフボール	¥1,200	(1)
2030	ゴルフシューズ	¥28,000	(1)
3010	スキー板	¥55,000	(1)
3020	スキーブーツ	¥23,000	(1)
4010	テニスラケット	¥16,000	(1)
4020	テニスボール	¥1,500	(1)
5010	トレーナー	¥9,800	(1)

2 テーブルの作成

テーブル「**T商品マスター**」を作成しましょう。

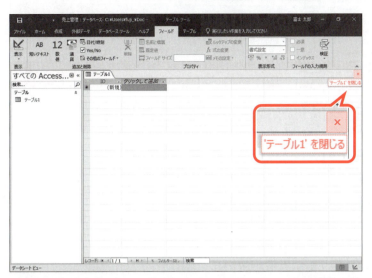

①テーブルウィンドウの ｘ （'テーブル1'を閉じる）をクリックします。

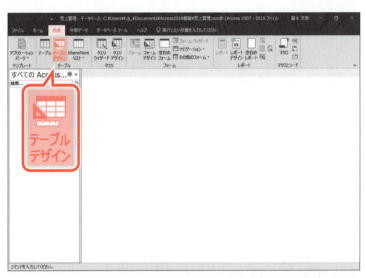

テーブルが削除されます
②《**作成**》タブを選択します。
③《**テーブル**》グループの （テーブルデザイン）をクリックします。

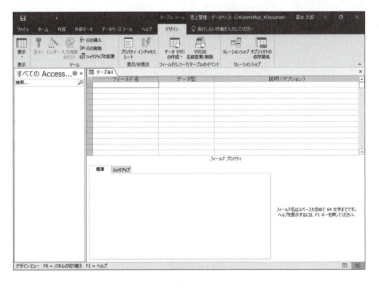

新しいテーブルがデザインビューで表示されます。

POINT 新しいテーブルの自動作成

《空のデータベース》でデータベースを作成すると、自動的に新しいテーブルが作成され、データシートビューで表示されます。テーブルウィンドウの × （'テーブル1'を閉じる）をクリックすると、テーブルは削除されます。

POINT テーブルの作成方法

テーブルには、いくつかの作成方法があります。
基本となるのは、次の2つです。

●デザインビューで作成

《作成》タブ→《テーブル》グループの （テーブルデザイン）をクリックして、デザインビューでフィールドの詳細を設定してテーブルを作成します。データを入力するには、データシートビューに切り替えます。

●データシートビューで作成

《作成》タブ→《テーブル》グループの （テーブル）をクリックして、データシートビューで直接フィールド名やデータを入力してテーブルを作成します。
出来上がりのイメージを確認しながらフィールド名を設定したり、データを入力したりできます。フィールドの詳細を設定するには、デザインビューに切り替えます。

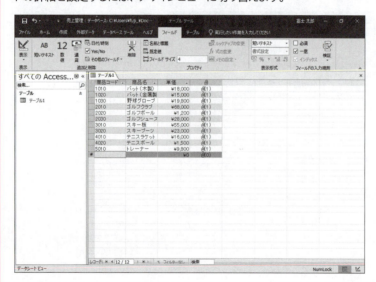

3 デザインビューの画面構成

デザインビューの各部の名称と役割を確認しましょう。

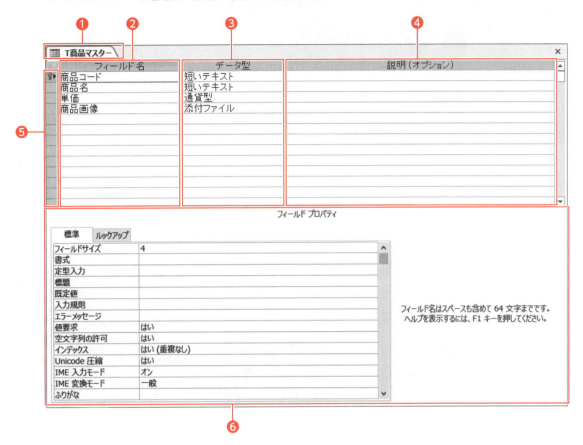

❶タブ
テーブル名が表示されます。

❷フィールド名
フィールドの名前を設定します。

❸データ型
フィールドに格納するデータの種類を設定します。

❹説明（オプション）
フィールドに対する説明を入力するときに使います。

❺行セレクター
フィールドを選択するときに使います。

❻フィールドプロパティ
フィールドサイズ（フィールドに入力できる最大文字数）や書式（データを表示する形式）などフィールドの属性を設定します。データ型によって、設定できる属性は異なります。

4 フィールドの設定

テーブル「T商品マスター」に、必要なフィールドを設定しましょう。

1 フィールドの概要

フィールドを設定するには、「**フィールド名**」と「**データ型**」を設定します。

●フィールド名

フィールドを区別するために、フィールドの名前を設定します。

●データ型

フィールドに格納するデータの種類を設定します。
データに合わせて適切なデータ型を設定すると、データを正確に入力できるだけでなく、検索や並べ替え速度が向上します。
データ型には、次のような種類があります。

データ型	説明
短いテキスト	文字（計算対象にならない郵便番号などの数字を含む）に使用する
長いテキスト	長文、または書式を設定している文字列に使用する
数値型	数値（整数、小数を含む）に使用する
大きい数値	大きい数値に使用する
日付/時刻型	日付と時刻に使用する（データには日付と時刻の両方が含まれる）
通貨型	金額に使用する
オートナンバー型	自動的に連番を付ける場合に使用する
Yes/No型	二者択一の場合に使用する
OLEオブジェクト型	ExcelワークシートやWord文書、音声、画像などのWindowsオブジェクトに使用する
ハイパーリンク型	ホームページのアドレス、メールのアドレス、ファイルへのリンクに使用する
添付ファイル	画像やOffice製品で作成したファイルなどを添付する場合に使用する
集計	同じテーブル内のほかのフィールドをもとに集計する場合に使用する
ルックアップウィザード	別のテーブルに格納されている値を参照する場合に使用する

●フィールドサイズ

データ型が「**短いテキスト**」または「**数値型**」の場合、フィールドサイズを設定します。
データに合わせて適切なサイズを設定すると、ディスク容量が節約でき、無駄のないテーブルが作成できます。

2 フィールドの設定（商品コード）

「商品コード」のフィールドを次のように設定しましょう。

```
フィールド名    ：商品コード
データ型       ：短いテキスト
フィールドサイズ：4
```

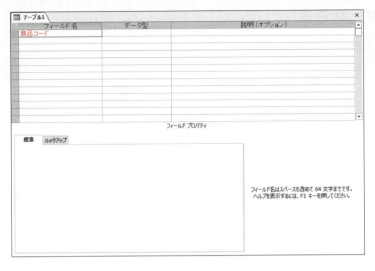

フィールド名を入力します。
① 1行目の《フィールド名》にカーソルがあることを確認します。
②「商品コード」と入力します。
③ Tab または Enter を押します。

《データ型》にカーソルが移動します。
データ型を設定します。
④《短いテキスト》になっていることを確認します。
※「商品コード」フィールドは、計算の対象とならないので「短いテキスト」にします。

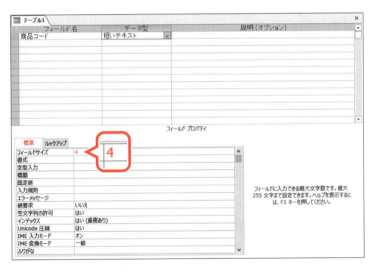

フィールドサイズを設定します。
⑤《フィールドプロパティ》の《標準》タブを選択します。
⑥《フィールドサイズ》プロパティに「4」と入力します。

POINT フィールド名の付け方

フィールド名は全角または半角64文字以内で指定します。半角の「.(ピリオド)」「!(感嘆符)」「[ ](角カッコ)」と先頭のスペースはフィールド名に含めることはできません。

3 フィールドの設定（商品名）

「商品名」のフィールドを次のように設定しましょう。

```
フィールド名    ：商品名
データ型       ：短いテキスト
フィールドサイズ：30
```

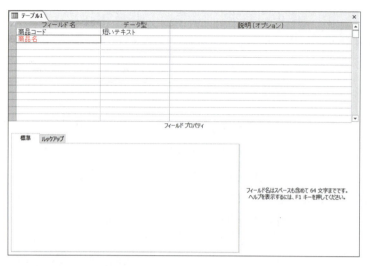

フィールド名を入力します。

①2行目の《フィールド名》に「商品名」と入力します。

②Tab または Enter を押します。

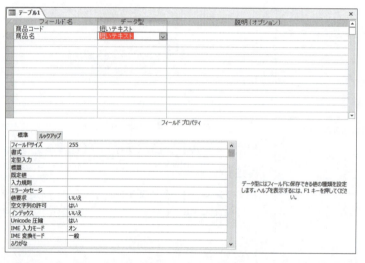

データ型を設定します。

③《短いテキスト》になっていることを確認します。

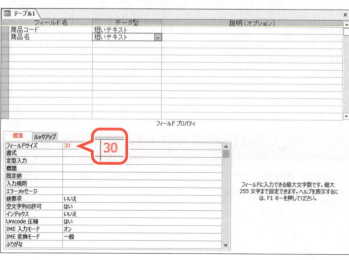

フィールドサイズを設定します。

④《フィールドプロパティ》の《標準》タブを選択します。

⑤《フィールドサイズ》プロパティに「30」と入力します。

4 フィールドの設定（単価）

「単価」のフィールドを次のように設定しましょう。

```
フィールド名：単価
データ型　　：通貨型
```

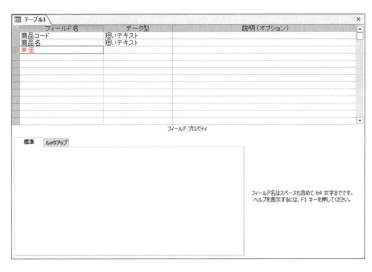

フィールド名を入力します。

①3行目の《フィールド名》に「**単価**」と入力します。
②Tab またはEnter を押します。

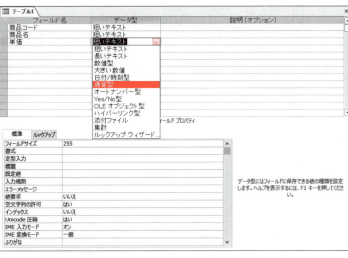

データ型を設定します。

③ をクリックし、一覧から「**通貨型**」を選択します。

5 フィールドの設定（添付ファイル）

「**商品画像**」のフィールドを次のように設定しましょう。

> フィールド名：商品画像
> データ型　　：添付ファイル

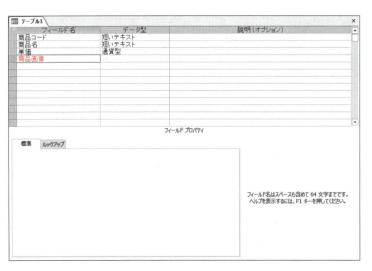

フィールド名を入力します。

① 4行目の《**フィールド名**》に「**商品画像**」と入力します。

② [Tab]または[Enter]を押します。

データ型を設定します。

③ ▽ をクリックし、一覧から「**添付ファイル**」を選択します。

POINT データ型のサイズ

各データ型のフィールドサイズや使用するディスク容量は、次のとおりです。

データ型	フィールドサイズ・使用するディスク容量	
短いテキスト	最大255文字	
長いテキスト	最大1GB（ただし、ユーザーインタフェースでデータを入力できる最大文字数は64,000文字まで）	
数値型	バイト型：1バイト	0〜255の範囲 小数点以下の数値は扱えない
	整数型：2バイト	-32,768〜32,767の範囲 小数点以下の数値は扱えない
	長整数型：4バイト	-2,147,483,648〜2,147,483,647の範囲 小数点以下の数値は扱えない
	単精度浮動小数点型：4バイト	$-3.4 \times 10^{38} \sim 3.4 \times 10^{38}$
	倍精度浮動小数点型：8バイト	$-1.797 \times 10^{308} \sim 1.797 \times 10^{308}$
	レプリケーションID型：16バイト	日付と時間などから一意に生成される整数（グローバル一意識別子（GUID））
	十進型：12バイト	$-9.999\cdots \times 10^{27} \sim 9.999\cdots \times 10^{27}$ 小数点以下の数値が扱える
大きい数値	8バイト ※ -2^{63}(-9,223,372,036,854,775,808)〜2^{63-1}(9,223,372,036,854,775,807)の範囲	
日付/時刻型	8バイト	
通貨型	8バイト	
オートナンバー型	4バイトまたは16バイト	
Yes/No型	1ビット	
OLEオブジェクト型	最大2GB	
ハイパーリンク型	格納される最大文字数は8,192文字まで	
添付ファイル	最大2GB	
集計	短いテキストの場合は243文字 長いテキスト、数値型、Yes/No型、日付/時刻型の場合はそれぞれのデータ型のサイズ	

※数値型では、フィールドに入力する数値の範囲に合わせてフィールドサイズを設定します。
※「単精度浮動小数点型」と「倍精度浮動小数点型」は、きわめて大きいまたは小さい数値を扱うことができますが、数値を格納する際の精度が若干劣ります。
　格納する数値が、単精度浮動小数点型については7桁、倍精度浮動小数点型については15桁を超える場合、その数値は四捨五入されます。例えば、「12,345,678」を単精度浮動小数点型で格納しようとすると、実際には「12,345,680」になります。また、「123.45678」を単精度浮動小数点型で格納しようとすると、実際には「123.4568」になります。

STEP UP フィールドサイズの初期値

フィールドサイズの初期値は、短いテキストは「255」、数値型は「長整数型」です。
フィールドサイズの初期値を変更する方法は、次のとおりです。
◆《ファイル》タブ→《オプション》→左側の一覧から《オブジェクトデザイナー》を選択→《テーブルデザインビュー》の《テキスト型のフィールドサイズ》または《数値型のフィールドサイズ》

5 主キーの設定

「商品コード」フィールドに主キーを設定しましょう。

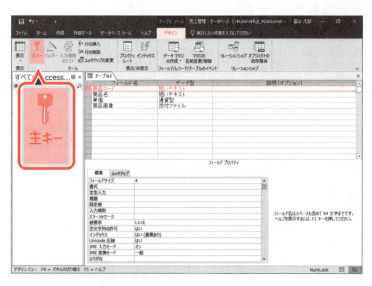

①「商品コード」フィールドの行セレクターをポイントします。
マウスポインターの形が ➡ に変わります。
②クリックします。
③《デザイン》タブを選択します。
④《ツール》グループの (主キー)をクリックします。

「商品コード」フィールドの行セレクターに (キーインジケーター)が表示されます。
※任意の場所をクリックし、選択を解除しておきましょう。

> **STEP UP** その他の方法（主キーの設定）
> ◆フィールドの行セレクターを右クリック→《主キー》
> ◆フィールドを右クリック→《主キー》

6 テーブルの保存

作成したテーブルに「T商品マスター」と名前を付けて保存しましょう。

① F12 を押します。

> **POINT オブジェクトの保存**
>
> オブジェクトを開いているとき、オブジェクトウィンドウ内にカーソルがある状態で F12 を押すと、そのオブジェクトが保存の対象になります。

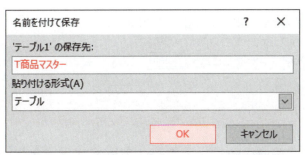

《名前を付けて保存》ダイアログボックスが表示されます。

② 《'テーブル1'の保存先》に「T商品マスター」と入力します。

③ 《OK》をクリックします。

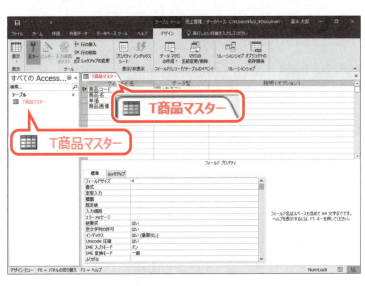

テーブルがデータベース「売上管理.accdb」に保存されます。

④ タブとナビゲーションウィンドウにテーブル名が表示されていることを確認します。

> **STEP UP その他の方法（オブジェクトの保存）**
>
> ◆《ファイル》タブ→《名前を付けて保存》→《オブジェクトに名前を付けて保存》→《オブジェクトに名前を付けて保存》→《名前を付けて保存》

> **STEP UP オブジェクトの名前の変更**
>
> テーブルやフォームなどのオブジェクトの名前を変更する方法は、次のとおりです。
>
> ◆ナビゲーションウィンドウのオブジェクトを右クリック→《名前の変更》

STEP UP 主キーを設定しなかった場合

デザインビューでフィールドを作成し、主キーを設定せずに保存すると、次のようなメッセージが表示されます。

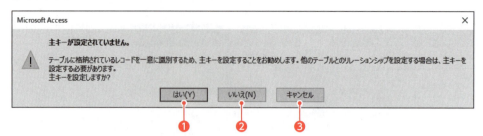

❶ はい
オートナンバー型の「ID」フィールドが自動的に作成され、主キーとして設定されます。

❷ いいえ
主キーは設定されずに保存されます。

❸ キャンセル
保存をキャンセルします。

STEP UP オブジェクトの削除

テーブルやフォームなどのオブジェクトを削除する方法は、次のとおりです。
◆ナビゲーションウィンドウのオブジェクトを右クリック→《削除》
◆ナビゲーションウィンドウからオブジェクトを選択→ Delete

7 ビューの切り替え

デザインビューでフィールドや主キーを設定したら、データシートビューに切り替えてデータを入力します。
デザインビューからデータシートビューに切り替えましょう。

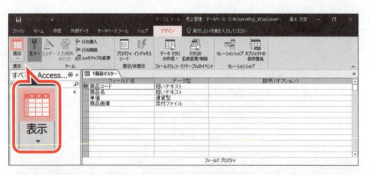

①《デザイン》タブを選択します。
※《ホーム》タブでもかまいません。
②《表示》グループの（表示）をクリックします。
※ （表示）または （表示）はトグル（切り替え）ボタンになっています。ボタンをクリックするとデータシートビューとデザインビューが交互に切り替わります。

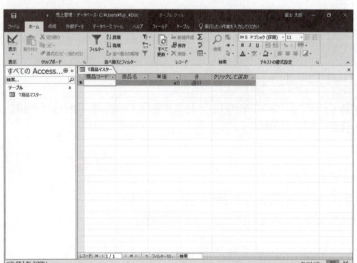

データシートビューに切り替わります。
※リボンに《フィールド》タブと《テーブル》タブが追加され、自動的に《ホーム》タブに切り替わります。

POINT その他の方法（ビューの切り替え）

◆《表示》グループの（表示）または（表示）の → 《データシートビュー》または《デザインビュー》
◆ステータスバーの（データシートビュー）または（デザインビュー）

8 データシートビューの画面構成

データシートビューの各部の名称と役割を確認しましょう。

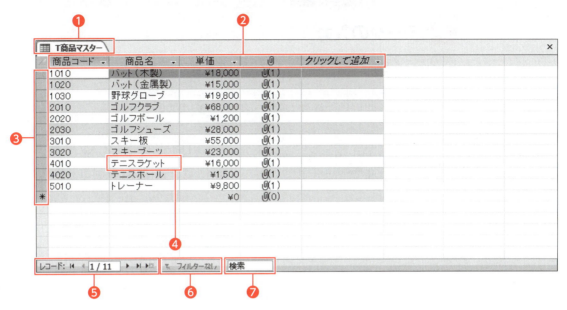

❶タブ
テーブル名が表示されます。

❷列見出し
フィールドを選択するときに使います。

❸レコードセレクター
レコードを選択するときに使います。

❹セル
フィールドとレコードで区切られた、ひとつひとつのマス目のことです。
データはセル単位で入力します。

❺レコード移動ボタン
レコード間でカーソルを移動するときに使います。

ボタン	説明
◀︎ (先頭レコード)	先頭レコードへ移動する
◀ (前のレコード)	前のレコードへ移動する
1 / 11 (カレントレコード)	現在選択されているレコードの番号と全レコード数が表示される
▶ (次のレコード)	次のレコードへ移動する
▶︎ (最終レコード)	最終レコードへ移動する
▶* (新しい(空の)レコード)	最終レコードの次の新規レコードへ移動する

❻フィルター
フィールドに抽出条件が設定されている場合に、フィルターの適用と解除を切り替えます。

❼検索
検索するフィールドのキーワードを入力します。

9 レコードの入力

テーブル「T商品マスター」にレコードを入力しましょう。

1 データの入力

次のデータを入力しましょう。

商品コード	商品名	単価
1010	バット（木製）	¥18,000

「商品コード」を入力します。
①1行目の「商品コード」のセルをクリックします。
②「1010」と入力します。
※半角で入力します。
③ Tab または Enter を押します。

「商品名」を入力します。
④「バット（木製）」と入力します。
⑤ Tab または Enter を押します。

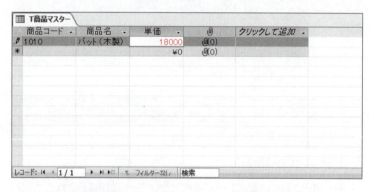

「単価」を入力します。
⑥「18000」と入力します。
⑦ Tab または Enter を押します。

⑧「単価」のセルに通貨記号と3桁区切りカンマが自動的に表示されていることを確認します。

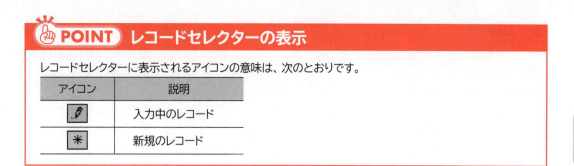

POINT レコードセレクターの表示

レコードセレクターに表示されるアイコンの意味は、次のとおりです。

アイコン	説明
🖉	入力中のレコード
✱	新規のレコード

POINT 主キーフィールドへのデータ入力

主キーを設定したフィールドには、次のような入力の制限があります。

●重複する値は入力できない
●空の値（Null値）は入力できない

※主キーフィールドに入力する値は、あとから変更されない値であることが理想的です。

2 添付ファイルの挿入

データ型が《添付ファイル》のフィールドに、添付ファイルを挿入しましょう。

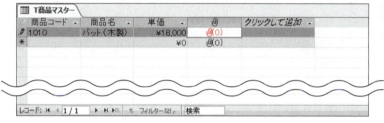

添付ファイルを挿入します。
①🔗(0)をダブルクリックします。

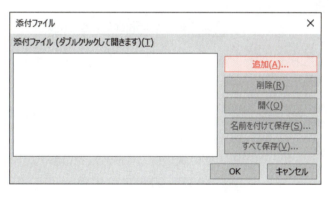

《添付ファイル》ダイアログボックスが表示されます。
②《追加》をクリックします。

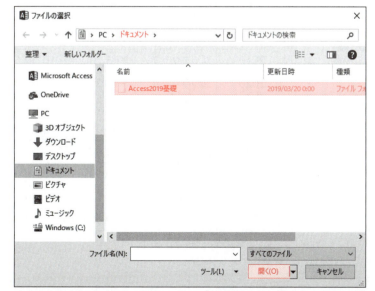

《ファイルの選択》ダイアログボックスが表示されます。
③《ドキュメント》が開かれていることを確認します。
※《ドキュメント》が開かれていない場合は、《PC》→《ドキュメント》を選択します。
④一覧から「Access2019基礎」を選択します。
⑤《開く》をクリックします。

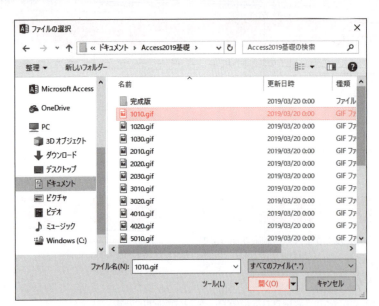

開くファイルを選択します。

⑥一覧から「1010.gif」を選択します。

⑦《開く》をクリックします。

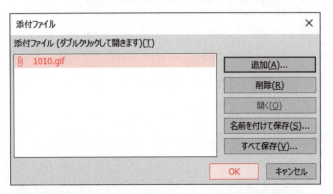

《添付ファイル》ダイアログボックスに戻ります。

⑧一覧に「1010.gif」が表示されていることを確認します。

⑨《OK》をクリックします。

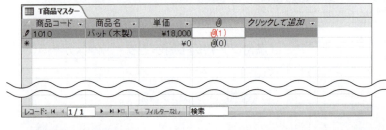

⑩セルに 〚(1)と表示されていることを確認します。

⑪ Tab または Enter を押します。

1件目のレコードが確定し、2件目の商品コードのセルにカーソルが移動します。

⑫同様に次のレコードを入力します。

商品コード	商品名	単価	添付ファイル
1020	バット（金属製）	¥15,000	1020.gif
1030	野球グローブ	¥19,800	1030.gif
2010	ゴルフクラブ	¥68,000	2010.gif
2020	ゴルフボール	¥1,200	2020.gif
2030	ゴルフシューズ	¥28,000	2030.gif
3010	スキー板	¥55,000	3010.gif
3020	スキーブーツ	¥23,000	3020.gif
4010	テニスラケット	¥16,000	4010.gif
4020	テニスボール	¥1,500	4020.gif
5010	トレーナー	¥9,800	5010.gif

※数字は半角で入力します。

POINT レコードの保存

入力中のレコードがテーブルに格納され、データベースに保存されるタイミングは、次のとおりです。

- ●別のレコードにカーソルを移動する
- ●テーブルを閉じる
- ●データベースを閉じる
- ●Accessを終了する

※自動的にレコードが保存される前に、入力をキャンセルしたいときは Esc を押します。

STEP UP レコードの削除

保存されたレコードを削除する方法は、次のとおりです。

◆削除するレコードのレコードセレクターを選択→《ホーム》タブ→《レコード》グループの ✕削除 （削除）

◆削除するレコードのレコードセレクターを右クリック→《レコードの削除》

◆削除するレコードのレコードセレクターを選択→ Delete

10 フィールドの列幅の調整

「商品名」のフィールドの列幅をデータの長さに合わせて調整しましょう。

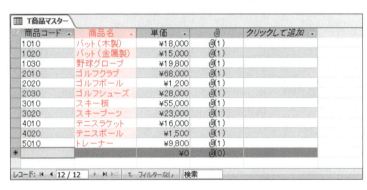

①「商品名」フィールドの列見出しの右側の境界線をポイントします。

マウスポインターの形が ✢ に変わります。

②ダブルクリックします。

列幅が最長のデータに合わせて自動調整されます。

11 上書き保存

オブジェクトの内容を一部変更して、同じオブジェクト名で保存することを「**上書き保存**」といいます。
データシートビューでフィールドの列幅を調整したので、テーブル「**T商品マスター**」を上書き保存しましょう。

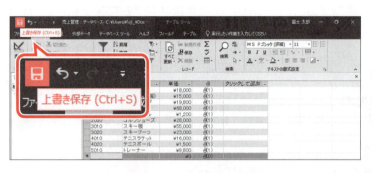

①クイックアクセスツールバーの ■ (上書き保存) をクリックします。
※テーブルを閉じておきましょう。

STEP UP その他の方法（上書き保存）

◆《ファイル》タブ→《上書き保存》
◆ Ctrl + S

STEP UP 名前を付けて保存と上書き保存

オブジェクトの内容を一部変更して、更新前のオブジェクトも更新後のオブジェクトも保存するには、「名前を付けて保存」で別のオブジェクト名で保存します。
「上書き保存」では、更新前のオブジェクトは保存されません。

12 テーブルを開く

テーブル「**T商品マスター**」をデータシートビューで開きましょう。

①ナビゲーションウィンドウのテーブル「**T商品マスター**」をダブルクリックします。

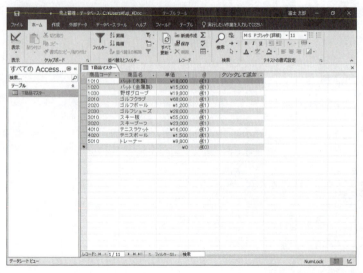

テーブルがデータシートビューで開かれます。
※テーブルを閉じておきましょう。

STEP UP その他の方法（テーブルをデータシートビューで開く）

◆ナビゲーションウィンドウのテーブルを右クリック→《開く》

> **POINT　テーブルをデザインビューで開く**
>
> テーブルをデザインビューで開く方法は、次のとおりです。
> ◆ナビゲーションウィンドウのテーブルを右クリック→《デザインビュー》

Let's Try　ためしてみよう

①次のようなテーブルを作成しましょう。

主キー	フィールド名	データ型	フィールドサイズ
○	担当者コード	短いテキスト	3
	担当者名	短いテキスト	20

②テーブルに「T担当者マスター」と名前を付けて保存しましょう。

③データシートビューに切り替えて、次のレコードを入力しましょう。

担当者コード	担当者名
110	山木　由美
120	佐伯　浩太
130	安藤　百合子
140	吉岡　雄介
150	福田　進

※数字は半角で入力します。
※テーブルを上書き保存し、閉じておきましょう。

Let's Try Answer

①
①《作成》タブを選択
②《テーブル》グループの （テーブルデザイン）をクリック
③1行目の《フィールド名》に「担当者コード」と入力
④ Tab または Enter を押す
⑤《データ型》が《短いテキスト》になっていることを確認
⑥《フィールドプロパティ》の《標準》タブを選択
⑦《フィールドサイズ》プロパティに「3」と入力
⑧2行目の《フィールド名》に「担当者名」と入力
⑨ Tab または Enter を押す
⑩《データ型》が《短いテキスト》になっていることを確認
⑪《フィールドプロパティ》の《標準》タブを選択
⑫《フィールドサイズ》プロパティに「20」と入力
⑬「担当者コード」フィールドの行セレクターをクリック
⑭《デザイン》タブを選択
⑮《ツール》グループの（主キー）をクリック

②
① F12 を押す
②《'テーブル1'の保存先》に「T担当者マスター」と入力
③《OK》をクリック

③
①《デザイン》タブを選択
※《ホーム》タブでもかまいません。
②《表示》グループの（表示）をクリック
③1件目の「担当者コード」のセルをクリック
④「担当者コード」に「110」と入力
⑤ Tab または Enter を押す
⑥「担当者名」に「山木　由美」と入力
⑦ Tab または Enter を押す
⑧同様に、その他のレコードを入力
※各フィールドの列幅をデータの長さに合わせて調整しておきましょう。

Step 4 得意先マスターを作成する

1 作成するテーブルの確認

次のようなテーブル「T得意先マスター」を作成しましょう。

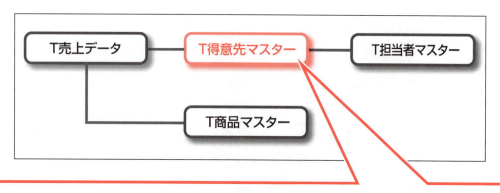

●T得意先マスター

2 テーブルの作成

テーブル「T得意先マスター」を作成しましょう。

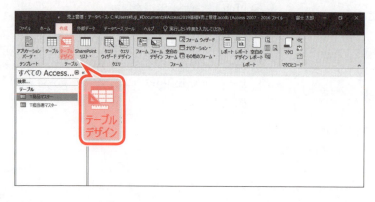

①《作成》タブを選択します。
②《テーブル》グループの (テーブルデザイン)をクリックします。

デザインビューで新しいテーブルが表示されます。

③次のように各フィールドを設定します。

フィールド名	データ型	フィールドサイズ
得意先コード	短いテキスト	5
得意先名	短いテキスト	30
フリガナ	短いテキスト	30
〒	短いテキスト	8
住所1	短いテキスト	50
住所2	短いテキスト	50
TEL	短いテキスト	13
担当者コード	短いテキスト	3
DM	Yes/No型	

※英数字は半角で入力します。
※「〒」は「ゆうびん」と入力して変換します。

「得意先コード」フィールドに主キーを設定します。

④「得意先コード」フィールドの行セレクターをクリックします。

⑤《デザイン》タブを選択します。

⑥《ツール》グループの 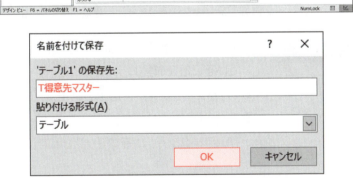（主キー）をクリックします。

作成したテーブルを保存します。

⑦ F12 を押します。

《名前を付けて保存》ダイアログボックスが表示されます。

⑧《'テーブル1'の保存先》に「T得意先マスター」と入力します。

⑨《OK》をクリックします。
※テーブルを閉じておきましょう。

3 既存テーブルへのデータのインポート

Excelファイルやテキストファイルなどの外部データをAccessに取り込むことを「**インポート**」といいます。
外部データをインポートするとAccessのテーブルにデータがコピーされ、Accessでデータを編集しても、もとのファイルには影響しません。

1 データのインポート

テーブル「T得意先マスター」に、Excelファイル「**得意先データ.xlsx**」のデータをインポートしましょう。

●得意先データ.xlsx

	A	B	C	D	E	F	G	H	I
1	得意先コード	得意先名	フリガナ	〒	住所1	住所2	TEL	担当者コード	DM
2	10010	丸の内商事	マルノウチショウジ	100-0005	東京都千代田区丸の内2-X-X	第3千代田ビル	03-3211-XXXX	110	Yes
3	10020	富士光スポーツ	フジミツスポーツ	100-0005	東京都千代田区丸の内1-X-X	東京ビル	03-3213-XXXX	140	Yes
4	10030	さくらテニス	サクラテニス	111-0031	東京都台東区千束1-X-X	大手町フラワービル7F	03-3244-XXXX	110	No
5	10040	マイスター広告社	マイスターコウコクシャ	176-0002	東京都練馬区桜台3-X-X		03-3286-XXXX	130	No
6	10050	足立スポーツ	アダチスポーツ	131-0033	東京都墨田区向島1-X-X	足立ビル11F	03-3588-XXXX	150	Yes
7	10060	関西販売	カンサイハンバイ	108-0075	東京都港区港南5-X-X	江戸ビル	03-5000-XXXX	150	Yes
8	10070	山岡ゴルフ	ヤマオカゴルフ	100-0004	東京都千代田区大手町1-X-X	大手町第一ビル	03-3262-XXXX	110	Yes
9	10080	日高販売店	ヒダカハンバイテン	100-0005	東京都千代田区丸の内2-X-X	平ビル	03-5252-XXXX	140	No
10	10090	大江戸販売	オオエドハンバイ	100-0013	東京都千代田区霞が関2-X-X	大江戸ビル6F	03-5522-XXXX	110	Yes
11	10100	山の手スポーツ用品	ヤマノテスポーツヨウヒン	103-0027	東京都中央区日本橋1-X-X	日本橋ビル	03-3297-XXXX	120	No
12	10110	海山商事	ウミヤマショウジ	102-0083	東京都千代田区麹町3-X-X	NHビル	03-3299-XXXX	120	Yes
13	10120	山猫スポーツ	ヤマネコスポーツ	102-0082	東京都新宿区一番町5-XX	ヤマネコガーデン4F	03-3388-XXXX	150	Yes
14	10130	西郷スポーツ	サイゴウスポーツ	105-0001	東京都港区虎ノ門4-X-X	虎ノ門ビル17F	03-5555-XXXX	140	Yes
15	10140	富士山物産	フジヤマブッサン	106-0031	東京都港区西麻布4-X-X		03-3330-XXXX	120	No
16	10150	長治クラブ	チョウジクラブ	104-0032	東京都中央区八丁堀3-X-X	長治ビル	03-3766-XXXX	150	Yes
17	10160	みどりテニス	ミドリテニス	150-0047	東京都渋谷区神山町1-X-X		03-5688-XXXX	150	Yes
18	10170	東京富士販売	トウキョウフジハンバイ	150-0046	東京都渋谷区松濤1-X-X	渋谷第2ビル	03-3888-XXXX	120	No
19	10180	いろは通信販売	イロハツウシンハンバイ	151-0063	東京都渋谷区富ヶ谷2-X-X		03-5553-XXXX	130	Yes
20	10190	目黒野球用品	メグロヤキュウヨウヒン	169-0071	東京都新宿区戸塚町1-X-X	目黒野球用品本社ビル	03-3532-XXXX	130	Yes
21	10200	ミズホ販売	ミズホハンバイ	162-0811	東京都新宿区水道町5-XX	水道橋大通ビル	03-3111-XXXX	150	No
22	10210	富士デパート	フジデパート	160-0001	東京都新宿区片町1-X-X	片町第6ビル	03-3203-XXXX	130	Yes
23	10220	桜富士スポーツクラブ	サクラフジスポーツクラブ	135-0063	東京都江東区有明1-X-X	有明ISSビル7F	03-3367-XXXX	130	Yes
24	10230	スポーツスクエア鳥居	スポーツスクエアトリイ	142-0053	東京都品川区中延5-X-X		03-3389-XXXX	150	Yes
25	10240	東販売サービス	ヒガシハンバイサービス	143-0013	東京都大田区大森南3-X-X	大森ビル11F	03-3145-XXXX	150	No
26	10250	富士通信販売	フジツウシンハンバイ	175-0093	東京都板橋区赤塚新町3-X-X	富士通信ビル	03-3212-XXXX	120	Yes
27	20010	スポーツ富士	スポーツフジ	236-0021	神奈川県横浜市金沢区泥亀2-X-X		045-788-XXXX	140	Yes
28	20020	つるたスポーツ	ツルタスポーツ	231-0051	神奈川県横浜市中区赤門町2-X-X		045-242-XXXX	110	Yes
29	20030	富士スポーツ用品	フジスポーツヨウヒン	231-0045	神奈川県横浜市中区伊勢佐木町3-X-X	伊勢佐木モール	045-261-XXXX	150	No
30	20040	浜辺スポーツ店	ハマベスポーツテン	221-0012	神奈川県横浜市神奈川区子安台1-X-X	子安台フルハートビル	045-421-XXXX	140	Yes
31	30010	富士販売センター	フジハンバイセンター	264-0031	千葉県千葉市若葉区愛生町5-XX		043-228-XXXX	120	Yes
32	30020	テニスショップ富士	テニスショップフジ	261-0012	千葉県千葉市美浜区磯辺4-X-X		043-278-XXXX	120	Yes
33	40010	こあらスポーツ	コアラスポーツ	358-0002	埼玉県入間市東町1-X-X		04-2900-XXXX	110	No

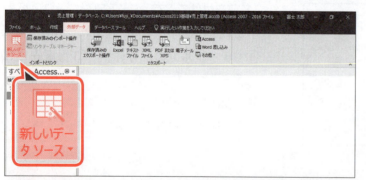

① テーブル「**T得意先マスター**」が閉じられていることを確認します。
② 《**外部データ**》タブを選択します。
③ 《**インポートとリンク**》グループの (新しいデータソース) をクリックします。

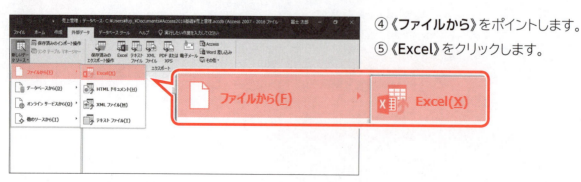

④ 《**ファイルから**》をポイントします。
⑤ 《**Excel**》をクリックします。

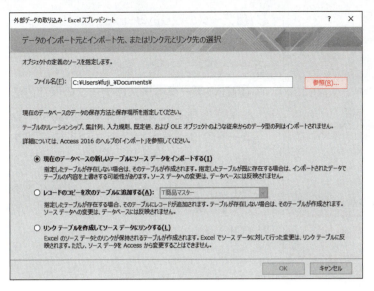

《外部データの取り込み-Excelスプレッドシート》ダイアログボックスが表示されます。

⑥《オブジェクトの定義のソースを指定します。》の《ファイル名》の《参照》をクリックします。

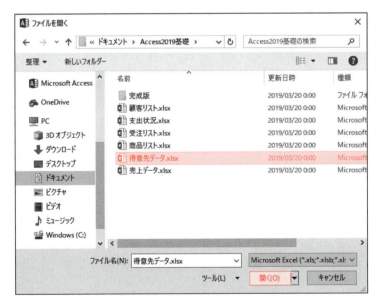

《ファイルを開く》ダイアログボックスが表示されます。

Excelファイルが保存されている場所を選択します。

⑦《ドキュメント》が開かれていることを確認します。

※《ドキュメント》が開かれていない場合は、《PC》→《ドキュメント》を選択します。

⑧一覧から「Access2019基礎」を選択します。

⑨《開く》をクリックします。

⑩一覧から「得意先データ.xlsx」を選択します。

⑪《開く》をクリックします。

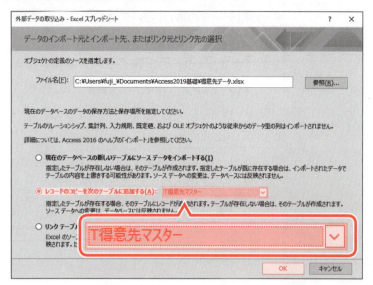

《外部データの取り込み-Excelスプレッドシート》ダイアログボックスに戻ります。

データを保存する場所を指定します。

⑫《現在のデータベースのデータの保存方法と保存場所を指定してください。》の《レコードのコピーを次のテーブルに追加する》を◉にします。

⑬ ▽ をクリックし、一覧から「T得意先マスター」を選択します。

⑭《OK》をクリックします。

《スプレッドシートインポートウィザード》が表示されます。

インポート元のデータの先頭行をフィールド名として使うかどうかを指定する画面が表示されます。

※今回、あらかじめテーブルにフィールド名を作成しているので、先頭行をフィールド名として使うかどうかの指定はできません。

⑮《次へ》をクリックします。

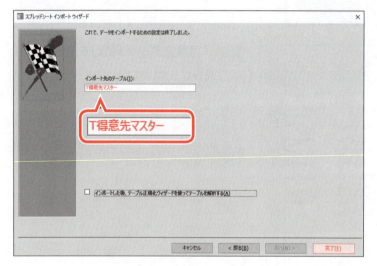

⑯《インポート先のテーブル》が「T得意先マスター」になっていることを確認します。

⑰《完了》をクリックします。

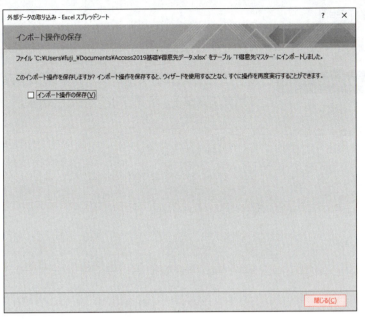

《外部データの取り込み-Excelスプレッドシート》ダイアログボックスに戻ります。

⑱《閉じる》をクリックします。

STEP UP その他の方法（Excelデータのインポート）

◆ナビゲーションウィンドウのテーブルを右クリック→《インポート》→《Excel》

POINT 既存テーブルにインポートするときの注意点

既存テーブルにExcelデータを正しくインポートできない場合、インポート元のExcelデータとインポート先のテーブルの構造やフィールドが一致していないことが考えられます。Excelデータをインポートできる形式に編集してから、再度インポートしなおしましょう。
次のような場合は、注意するとよいでしょう。

❶フィールド名が異なっていないか
❷Excelのシートに不要なデータ（タイトルや見出し）がないか
❸Access側にないフィールドがExcel側にないか
※先頭行をフィールド名として使う場合、❶❷❸に注意しましょう。
❹テーブルの主キーとして格納されるExcelデータに空白セルがないか
❺Excelのシートの各フィールドに異なる種類のデータが混在していないか
❻Excelのシートにエラー値が含まれていないか
❼Excelのシートに結合したセルはないか

2 インポート結果の確認

テーブル「T得意先マスター」にインポートされたデータを確認しましょう。

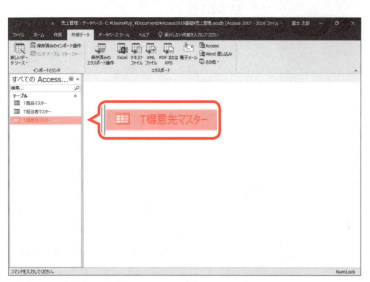

① ナビゲーションウィンドウのテーブル「T得意先マスター」をダブルクリックします。

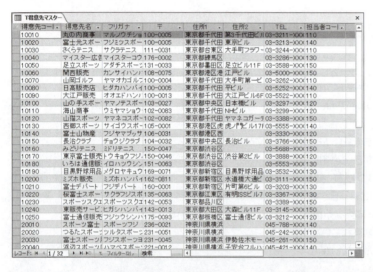

テーブルがデータシートビューで開かれます。

② 「得意先データ.xlsx」のデータがコピーされ、テーブルに追加されていることを確認します。

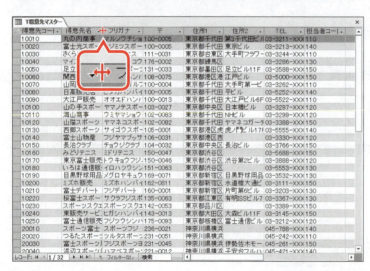

各フィールドの列幅をデータの長さに合わせて調整します。

③ 「得意先名」フィールドの列見出しの右側の境界線をポイントします。

マウスポインターの形が ✥ に変わります。

④ ダブルクリックします。

⑤同様に、ほかのフィールドの列幅を調整します。

※一覧に表示されていない場合は、スクロールして調整します。

※テーブルを上書き保存し、閉じておきましょう。

👆POINT 列幅の自動調整

列幅をダブルクリックして調整すると、画面に表示されているデータのうち最長のものに合わせて調整されます。上方向または下方向にスクロールしないと表示されないデータについては、調整の対象となりません。

🚩STEP UP 数値を使った列幅の調整

列幅を数値を使って調整できます。

◆フィールドを選択→《ホーム》タブ→《レコード》グループの（その他）→《フィールド幅》

🚩STEP UP フィールド（列）の固定

フィールドが多い場合、データシートを右方向にスクロールすると、左側のフィールドが見えなくなってしまうことがあります。データを入力したり、参照したりする際に、常に表示させておきたいフィールドは固定しておくとよいでしょう。

| フィールドの固定 |

◆フィールドを選択→《ホーム》タブ→《レコード》グループの（その他）→《フィールドの固定》

※固定したフィールドは一番左に移動します。

| フィールドの固定の解除 |

◆《ホーム》タブ→《レコード》グループの（その他）→《すべてのフィールドの固定解除》

※フィールドの固定を解除しても、フィールドはもとの位置に戻りません。フィールド名を選択し、フィールド名をドラッグします。

Step 5 売上データを作成する

1 作成するテーブルの確認

次のようなテーブル「T売上データ」を作成しましょう。

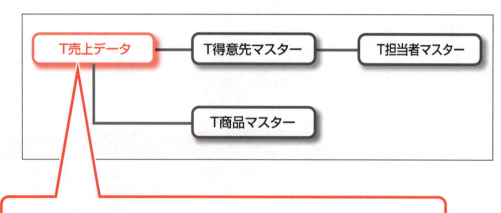

●T売上データ

売上番号	売上日	得意先コード	商品コード	数量
1	2019/04/01	10010	1020	5
2	2019/04/01	10220	2030	3
3	2019/04/02	20020	3020	5
4	2019/04/02	10240	1010	4
5	2019/04/03	10020	3010	10
6	2019/04/04	20040	1020	4
7	2019/04/05	10220	4010	15
8	2019/04/05	10210	1030	20
9	2019/04/08	30010	1020	30
10	2019/04/08	10020	5010	10
11	2019/04/09	10120	2010	15
12	2019/04/09	10110	2030	4
13	2019/04/10	20020	3010	4
14	2019/04/10	10020	2010	2
15	2019/04/10	10010	4020	50
16	2019/04/11	20040	3020	10
17	2019/04/11	10050	1020	5
18	2019/04/12	10010	2010	25
19	2019/04/12	10180	3020	6
20	2019/04/12	10020	2010	30
21	2019/04/15	40010	4020	2
22	2019/04/15	10060	1030	2
23	2019/04/16	10080	1010	10
24	2019/04/16	10100	1020	12
25	2019/04/17	10120	1030	5
26	2019/04/17	10020	1010	3
27	2019/04/18	10020	5010	5
28	2019/04/19	10180	2010	3
29	2019/04/19	10060	1020	9

レコード: 1 / 161 フィルターなし 検索

2 新規テーブルへのデータのインポート

Excelファイル「**売上データ.xlsx**」のデータをインポートし、テーブル「**T売上データ**」として保存しましょう。

●売上データ.xlsx

	A	B	C	D
1	売上日	得意先コード	商品コード	数量
2	2019/4/1	10010	1020	5
3	2019/4/1	10220	2030	3
4	2019/4/2	20020	3020	5
5	2019/4/2	10240	1010	4
6	2019/4/3	10020	3010	10
7	2019/4/4	20040	1020	4
8	2019/4/5	10220	4010	15
9	2019/4/5	10210	1030	20
10	2019/4/8	30010	1020	30
11	2019/4/8	10020	5010	10
12	2019/4/9	10120	2010	15
151	2019/6/26	10060	4010	5
152	2019/6/26	10170	4010	50
153	2019/6/26	10110	1030	5
154	2019/6/26	10180	2030	4
155	2019/6/26	20020	4010	12
156	2019/6/27	30010	2020	100
157	2019/6/27	10050	4010	6
158	2019/6/27	10220	3020	15
159	2019/6/28	10090	1020	5
160	2019/6/28	10230	3020	10
161	2019/6/28	10210	2020	50
162	2019/6/28	10020	2010	5

①《**外部データ**》タブを選択します。
②《**インポートとリンク**》グループの (新しいデータソース)をクリックします。

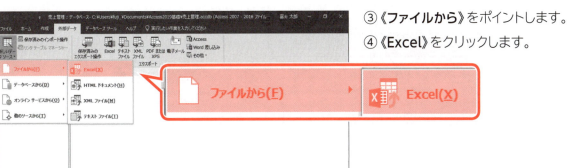

③《**ファイルから**》をポイントします。
④《**Excel**》をクリックします。

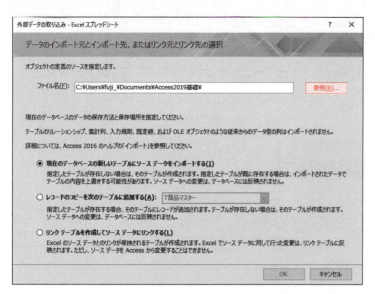

《外部データの取り込み - Excelスプレッドシート》ダイアログボックスが表示されます。

⑤《オブジェクトの定義のソースを指定します。》の《ファイル名》の《参照》をクリックします。

《ファイルを開く》ダイアログボックスが表示されます。
Excelファイルが保存されている場所を選択します。

⑥《ドキュメント》が開かれていることを確認します。
※《ドキュメント》が開かれていない場合は、《PC》→《ドキュメント》を選択します。

⑦一覧から「**Access2019基礎**」を選択します。

⑧《**開く**》をクリックします。

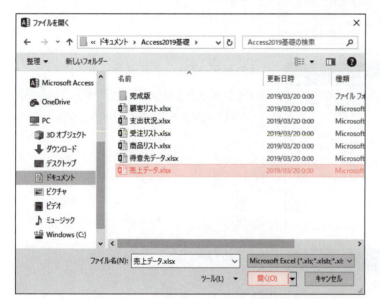

⑨一覧から「**売上データ.xlsx**」を選択します。

⑩《**開く**》をクリックします。

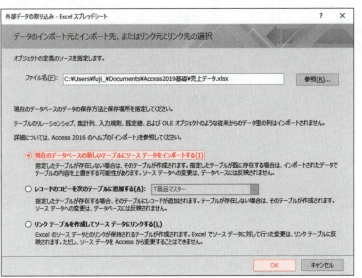

《外部データの取り込み-Excelスプレッドシート》ダイアログボックスに戻ります。

データを保存する場所を指定します。

⑪《現在のデータベースのデータの保存方法と保存場所を指定してください。》の《現在のデータベースの新しいテーブルにソースデータをインポートする》を ◉ にします。

⑫《OK》をクリックします。

《スプレッドシートインポートウィザード》が表示されます。

インポート元のデータの先頭行をフィールド名として使うかどうかを指定します。

⑬《先頭行をフィールド名として使う》を ☑ にします。

⑭《次へ》をクリックします。

フィールド名やデータ型などのオプションを指定する画面が表示されます。

※今回、オプションは指定しません。

⑮《次へ》をクリックします。

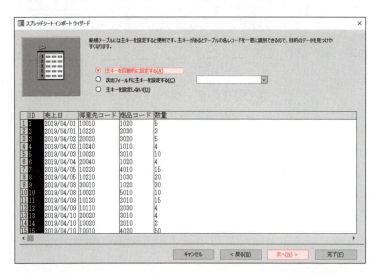

主キーを設定します。

⑯《主キーを自動的に設定する》を◉にします。
※オートナンバー型の「ID」フィールドが自動的に作成され、主キーとして設定されます。

⑰《次へ》をクリックします。

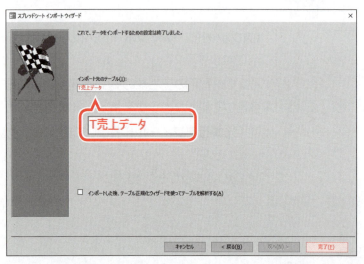

インポート先のテーブル名を指定します。

⑱《インポート先のテーブル》に「T売上データ」と入力します。

⑲《完了》をクリックします。

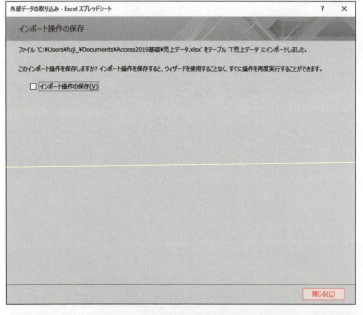

《外部データの取り込み-Excelスプレッドシート》ダイアログボックスに戻ります。

⑳《閉じる》をクリックします。

㉑ナビゲーションウィンドウにテーブル「T売上データ」が作成されていることを確認します。

インポートされたデータを確認します。

㉒ナビゲーションウィンドウのテーブル「T売上データ」をダブルクリックします。

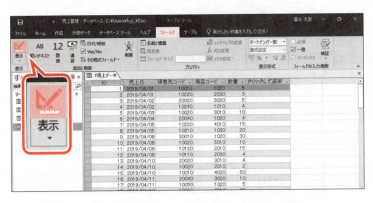

テーブルがデータシートビューで開かれます。

㉓「売上データ.xlsx」のデータがコピーされていることを確認します。

※「得意先コード」フィールドと「数量」フィールドの列幅を調整しておきましょう。

3 フィールドの設定

デザインビューに切り替えて、フィールドを設定しましょう。

①《フィールド》タブを選択します。
※《ホーム》タブでもかまいません。
②《表示》グループの ▼(表示)をクリックします。

デザインビューに切り替わります。

③次のように各フィールドを変更します。

主キー	フィールド名	データ型	フィールドサイズ
○	売上番号	オートナンバー型	長整数型
	売上日	日付/時刻型	
	得意先コード	短いテキスト	5
	商品コード	短いテキスト	4
	数量	数値型	整数型

POINT オートナンバー型

フィールドのデータ型を「オートナンバー型」にすると、「1」「2」「3」「4」・・・と連番が自動的に割り当てられ、各レコードに固有の値が作成されます。

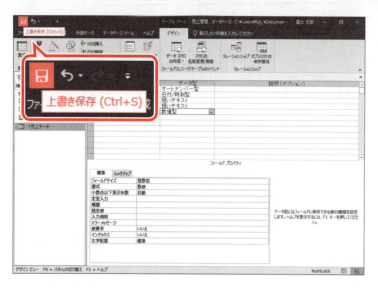

作成したテーブルを上書き保存します。

④クイックアクセスツールバーの ■ （上書き保存）をクリックします。

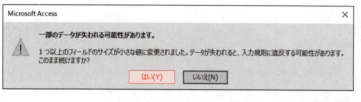

図のようなメッセージが表示されます。

⑤《はい》をクリックします。

上書き保存されます。

※テーブルを閉じておきましょう。

👆POINT　保存時のメッセージ

フィールドサイズを小さくして保存すると、《一部のデータが失われる可能性があります。》というメッセージが表示されます。
設定したフィールドサイズより大きいデータは、データの一部が削除されます。

👆POINT　オブジェクト間のデータの流れ

テーブルに格納されたデータは、次のように各オブジェクト間で利用されます。

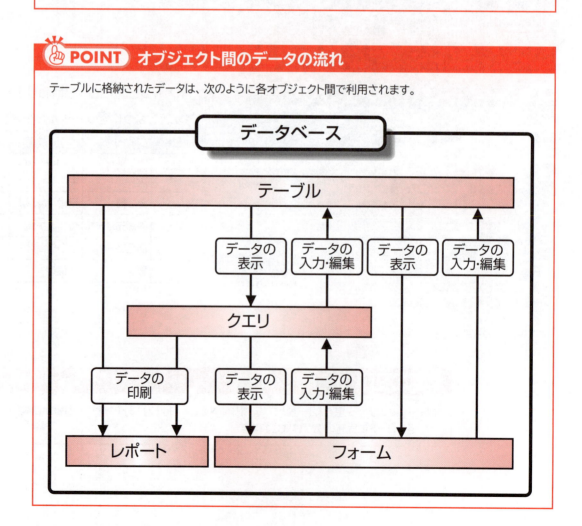

第4章

リレーションシップの作成

Check	この章で学ぶこと	81
Step1	リレーションシップを作成する	82

第4章 この章で学ぶこと

学習前に習得すべきポイントを理解しておき、
学習後には確実に習得できたかどうかを振り返りましょう。

1 主キーと外部キーについて説明できる。　　　☑☑☑ →P.82

2 参照整合性について説明できる。　　　☑☑☑ →P.82

3 テーブル間にリレーションシップを作成できる。　　　☑☑☑ →P.83

Step 1 リレーションシップを作成する

1 リレーションシップ

Accessでは、複数に分けたテーブル間の共通フィールドを関連付けることができます。この関連付けを「**リレーションシップ**」といいます。

リレーションシップが作成された複数のテーブルを結合すると、あたかもひとつのテーブルであるかのようにデータを扱うことができます。

1 主キーと外部キー

2つのテーブル間にリレーションシップを作成するには、2つのテーブルに共通のフィールドが必要です。

共通のフィールドのうち、「**主キー**」側のフィールドに対して、もう一方のフィールドを「**外部キー**」といいます。また、主キーを含むテーブルを「**主テーブル**」、外部キーを含むテーブルを「**関連テーブル**」または「**リレーションテーブル**」といいます。

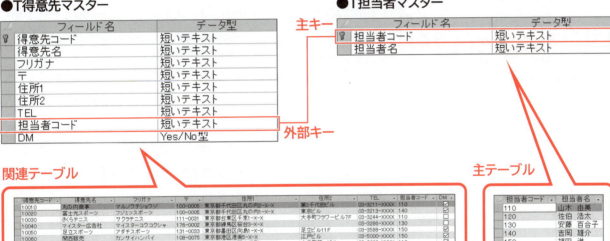

2 参照整合性

リレーションシップが作成されたテーブル間に「**参照整合性**」を設定できます。参照整合性とは、矛盾のないデータ管理をするための規則のことです。

例えば、「T担当者マスター」（主テーブル）側に存在しない「担当者コード」を「T得意先マスター」（関連テーブル）側に入力してしまうといったデータの矛盾を制御します。

2 リレーションシップの作成

「T商品マスター」「T担当者マスター」「T得意先マスター」「T売上データ」の4つのテーブル間にリレーションシップを作成しましょう。

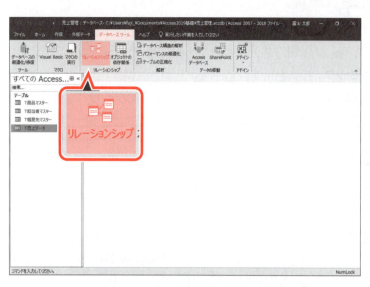

① テーブルが閉じられていることを確認します。
② 《データベースツール》タブを選択します。
③ 《リレーションシップ》グループの ■ (リレーションシップ) をクリックします。

リレーションシップウィンドウと《テーブルの表示》ダイアログボックスが表示されます。
※リボンに《デザイン》タブが追加され、自動的に《デザイン》タブに切り替わります。

④ 《テーブル》タブを選択します。
⑤ 一覧から「T商品マスター」を選択します。
⑥ [Shift]を押しながら、一覧から「T売上データ」を選択します。
⑦ 《追加》をクリックします。

POINT 複数のテーブルの選択

複数のテーブルをまとめて選択する方法は、次のとおりです。

連続するテーブル
◆ 最初のテーブルを選択 → [Shift]を押しながら、最終のテーブルを選択

連続しないテーブル
◆ 1つ目のテーブルを選択 → [Ctrl]を押しながら、2つ目以降のテーブルを選択

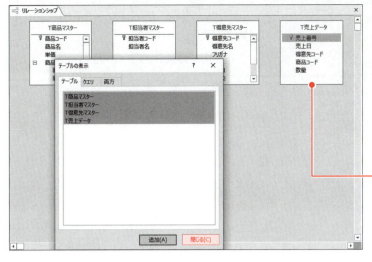

リレーションシップウィンドウに4つのテーブルのフィールドリストが表示されます。
※主キーには 🔑（キーインジケーター）が表示されます。
《テーブルの表示》ダイアログボックスを閉じます。
⑧《閉じる》をクリックします。

フィールドリスト

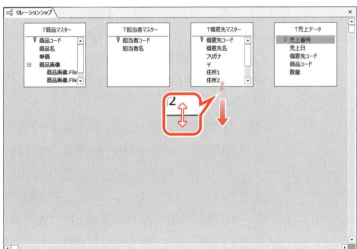

テーブル「T得意先マスター」のフィールド名がすべて表示されるように、フィールドリストのサイズを調整します。
⑨フィールドリストの下端をポイントします。
マウスポインターの形が ↕ に変わります。
⑩図のようにドラッグします。

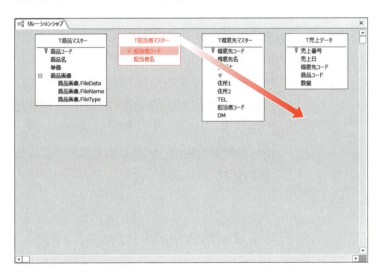

サイズが変更されます。
⑪同様に、ほかのフィールドリストのサイズも調整します。

リレーションシップの設定を見やすくするためにフィールドリストの配置を調整します。
テーブル「T担当者マスター」のフィールドリストを移動します。
⑫フィールドリストのタイトルバーを図のようにドラッグします。

テーブル「**T売上データ**」のフィールドリストを移動します。

⑬フィールドリストのタイトルバーを図のようにドラッグします。

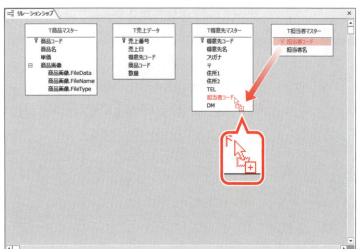

フィールドリストが移動されます。
※図のように、フィールドリストを配置しておきましょう。

テーブル「**T担当者マスター**」とテーブル「**T得意先マスター**」の間にリレーションシップを作成します。

⑭「**T担当者マスター**」の「**担当者コード**」を「**T得意先マスター**」の「**担当者コード**」までドラッグします。

ドラッグ中、フィールドリスト内でマウスポインターの形が に変わります。
※ドラッグ元のフィールドとドラッグ先のフィールドは入れ替わってもかまいません。

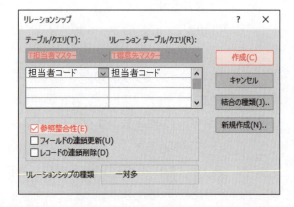

《**リレーションシップ**》ダイアログボックスが表示されます。

⑮《**テーブル/クエリ**》が「**T担当者マスター**」、《**リレーションテーブル/クエリ**》が「**T得意先マスター**」になっていることを確認します。

⑯《**参照整合性**》を☑にします。

⑰《**作成**》をクリックします。

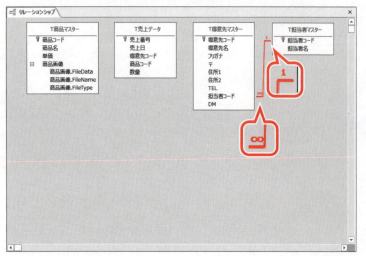

テーブル間に結合線が表示されます。

⑱結合線の「**T担当者マスター**」側に **1**（主キー）、「**T得意先マスター**」側に **∞**（外部キー）が表示されていることを確認します。

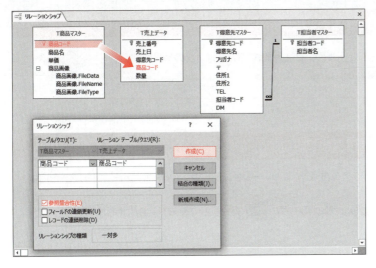

テーブル「**T商品マスター**」とテーブル「**T売上データ**」の間にリレーションシップを作成します。

⑲「**T商品マスター**」の「**商品コード**」を「**T売上データ**」の「**商品コード**」までドラッグします。

《リレーションシップ》ダイアログボックスが表示されます。

⑳《**参照整合性**》をにします。

㉑《**作成**》をクリックします。

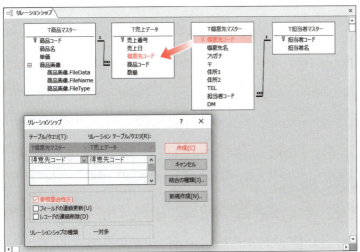

テーブル「**T得意先マスター**」とテーブル「**T売上データ**」の間にリレーションシップを作成します。

㉒「**T得意先マスター**」の「**得意先コード**」を「**T売上データ**」の「**得意先コード**」までドラッグします。

《リレーションシップ》ダイアログボックスが表示されます。

㉓《**参照整合性**》をにします。

㉔《**作成**》をクリックします。

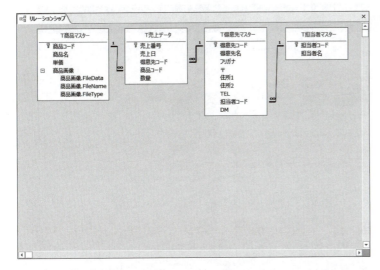

4つのテーブル間にリレーションシップが作成されます。

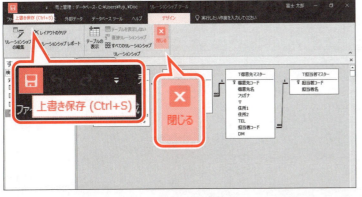

リレーションシップウィンドウのレイアウトを保存します。

㉕クイックアクセスツールバーの（上書き保存）をクリックします。

リレーションシップウィンドウを閉じます。

㉖《**デザイン**》タブを選択します。

㉗《**リレーションシップ**》グループの（閉じる）をクリックします。

POINT フィールドリストの削除

リレーションシップウィンドウからフィールドリストを削除する方法は、次のとおりです。
◆フィールドリストを選択→ Delete

POINT フィールドリストの追加

《テーブルの表示》ダイアログボックスを再表示し、リレーションシップウィンドウにフィールドリストを追加する方法は、次のとおりです。
◆《デザイン》タブ→《リレーションシップ》グループの (テーブルの表示)→追加するオブジェクトを選択→《追加》

STEP UP リレーションシップの編集

リレーションシップを編集する方法は、次のとおりです。
◆結合線をクリック→《デザイン》タブ→《ツール》グループの (リレーションシップの編集)
◆結合線をダブルクリック

STEP UP サブデータシート

リレーションシップが作成されたテーブル間の主テーブルを開くと、左側に ± が表示されます。± をクリックすると、関連テーブルが「サブデータシート」として表示され、共通フィールドの値が一致するデータを参照することができます。

※図では、テーブル「T商品マスター」の商品コードが1010のテーブル「T売上データ」が参照されています。

※サブデータシートを閉じるには、− をクリックします。

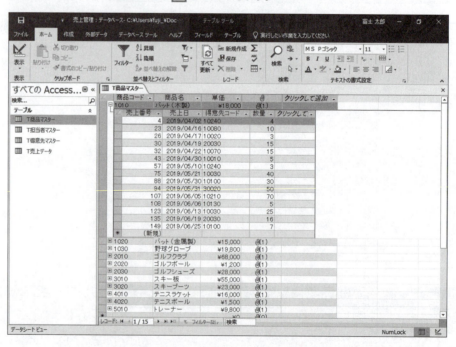

第5章

クエリによる
データの加工

Check	この章で学ぶこと	89
Step1	クエリの概要	90
Step2	得意先電話帳を作成する	93
Step3	得意先マスターを作成する	102
Step4	売上データを作成する	105

第5章 この章で学ぶこと

学習前に習得すべきポイントを理解しておき、
学習後には確実に習得できたかどうかを振り返りましょう。

1	クエリで何ができるかを説明できる。	☐☐☐	→ P.90
2	クエリのビューの違いを理解し、使い分けることができる。	☐☐☐	→ P.92
3	デザインビューでクエリを作成できる。	☐☐☐	→ P.93
4	クエリにフィールドを追加できる。	☐☐☐	→ P.97
5	フィールドを基準に、レコードを並べ替えることができる。	☐☐☐	→ P.99
6	フィールドを入れ替えて、表示順を変更できる。	☐☐☐	→ P.100
7	クエリに名前を付けて保存できる。	☐☐☐	→ P.101
8	演算フィールドを作成できる。	☐☐☐	→ P.108

Step 1 クエリの概要

1 クエリの概要

「**クエリ**」とは、テーブルに格納されたデータを加工するためのオブジェクトです。クエリを使うと、フィールドやレコードを次のように加工できます。

1 フィールドの加工

必要なフィールドを組み合わせて仮想テーブルを編成できます。

●あるテーブルから必要なフィールドを選択し、仮想テーブルを編成する

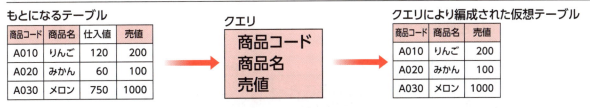

●複数のテーブルを結合し、仮想テーブルを編成する

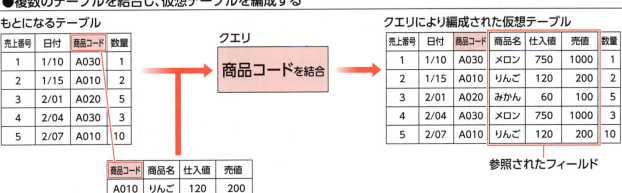

●フィールドのデータをもとに計算し、仮想テーブルを編成する

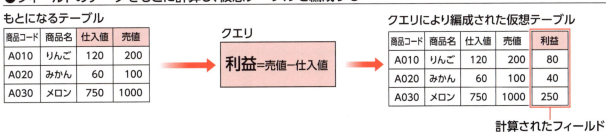

2 レコードの加工

レコードの抽出、集計、並べ替えができます。
※レコードの抽出と集計については、P.156「第7章 クエリによるデータの抽出と集計」で学習します。

●抽出条件を設定してレコードを抽出する

もとになるテーブル

売上番号	日付	商品コード	商品名	売値	数量	金額
1	1/10	A030	メロン	1000	1	1000
2	1/15	A010	りんご	200	2	400
3	2/01	A020	みかん	100	5	500
4	2/04	A030	メロン	1000	3	3000
5	2/07	A010	りんご	200	10	2000

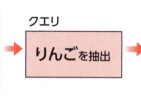

クエリにより編成された仮想テーブル

売上番号	日付	商品コード	商品名	売値	数量	金額
2	1/15	A010	りんご	200	2	400
5	2/07	A010	りんご	200	10	2000

抽出されたレコード

●レコードをグループ化して集計する

もとになるテーブル

売上番号	日付	商品コード	商品名	売値	数量	金額
1	1/10	A030	メロン	1000	1	1000
2	1/15	A010	りんご	200	2	400
3	2/01	A020	みかん	100	5	500
4	2/04	A030	メロン	1000	3	3000
5	2/07	A010	りんご	200	10	2000

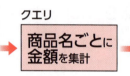

クエリにより編成された仮想テーブル

商品名	金額
りんご	2400
みかん	500
メロン	4000

集計されたフィールド

●レコードを並べ替える

もとになるテーブル

売上番号	日付	商品コード	商品名	売値	数量	金額
1	1/10	A030	メロン	1000	1	1000
2	1/15	A010	りんご	200	2	400
3	2/01	A020	みかん	100	5	500
4	2/04	A030	メロン	1000	3	3000
5	2/07	A010	りんご	200	10	2000

クエリ 商品コードを基準に昇順に並べ替え

クエリにより並べ替えられたレコード

売上番号	日付	商品コード	商品名	売値	数量	金額
2	1/15	A010	りんご	200	2	400
5	2/07	A010	りんご	200	10	2000
3	2/01	A020	みかん	100	5	500
1	1/10	A030	メロン	1000	1	1000
4	2/04	A030	メロン	1000	3	3000

並べ替えの基準としたフィールド

2 クエリのビュー

クエリには、いくつかのビューがあります。
基本となるのは、次の2つです。

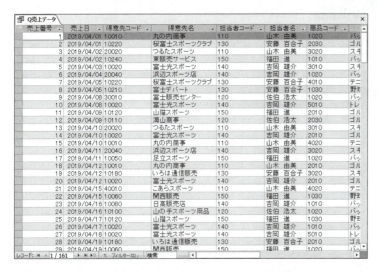

●データシートビュー

データシートビューは、クエリの実行によって編成された仮想テーブルを表形式で表示するビューです。
データを入力したり、編集したりすることもできます。

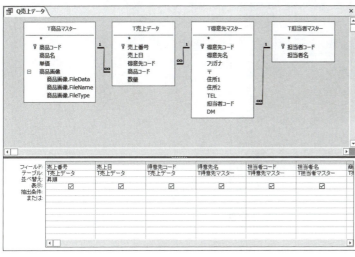

●デザインビュー

デザインビューは、テーブルから必要なフィールドを選択したり、レコードを抽出するための条件を設定したりするビューです。
データを入力したり、表示したりすることはできません。

 その他のビュー

クエリにはデータシートビューとデザインビューのほかに、次のビューがあります。

●SQLビュー

クエリをSQL文で表示するビューです。
クエリを作成すると、SQLビューにSQL文が自動的に生成されます。
※Accessの内部では、SQL（Structured Query Language）と呼ばれる言語が使われています。

Step 2 得意先電話帳を作成する

1 作成するクエリの確認

次のようなクエリ「Q得意先電話帳」を作成しましょう。

フリガナ	得意先名	TEL
アダチスポーツ	足立スポーツ	03-3588-XXXX
イロハツウシンハンバイ	いろは通信販売	03-5553-XXXX
ウミヤマショウジ	海山商事	03-3299-XXXX
オオエドハンバイ	大江戸販売	03-5522-XXXX
カンサイハンバイ	関西販売	03-5000-XXXX
コアラスポーツ	こあらスポーツ	04-2900-XXXX
サイゴウスポーツ	西郷スポーツ	03-5555-XXXX
サクラテニス	さくらテニス	03-3244-XXXX
サクラフジスポーツクラブ	桜富士スポーツクラブ	03-3367-XXXX
スポーツクエアトリイ	スポーツクエア鳥居	03-3389-XXXX
スポーツフジ	スポーツ富士	045-788-XXXX
チョウジクラブ	長治クラブ	03-3766-XXXX
ツルタスポーツ	つるたスポーツ	045-242-XXXX
テニスショップフジ	テニスショップ富士	043-278-XXXX
トウキョウフジハンバイ	東京富士販売	03-3888-XXXX
ハマベスポーツテン	浜辺スポーツ店	045-421-XXXX
ヒガシハンバイサービス	東販売サービス	03-3145-XXXX
ヒダカハンバイテン	日高販売店	03-5252-XXXX
フジスポーツヨウヒン	富士スポーツ用品	045-261-XXXX
フジツウシンハンバイ	富士通信販売	03-3212-XXXX
フジデパート	富士デパート	03-3203-XXXX
フジハンバイセンター	富士販売センター	043-228-XXXX
フジミツスポーツ	富士光スポーツ	03-3213-XXXX
フジヤマブッサン	富士山物産	03-3330-XXXX
マイスターコウコクシャ	マイスター広告社	03-3286-XXXX
マルノウチショウジ	丸の内商事	03-3211-XXXX
ミズホハンバイ	ミズホ販売	03-3111-XXXX
ミドリテニス	みどりテニス	03-5688-XXXX
メグロヤキュウヨウヒン	目黒野球用品	03-3532-XXXX
ヤマオカゴルフ	山岡ゴルフ	03-3262-XXXX
ヤマネコスポーツ	山猫スポーツ	03-3388-XXXX
ヤマノテスポーツヨウヒン	山の手スポーツ用品	03-3297-XXXX

2 クエリの作成

テーブル「T得意先マスター」をもとに、デザインビューでクエリを作成しましょう。

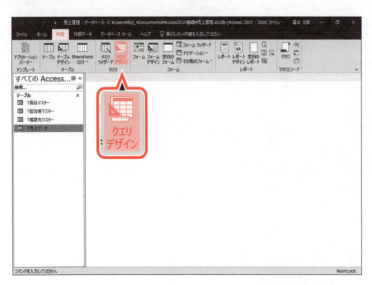

① 《作成》タブを選択します。
② 《クエリ》グループの (クエリデザイン) をクリックします。

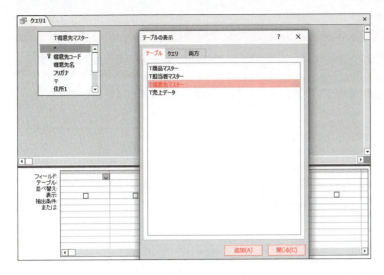

クエリウィンドウと《テーブルの表示》ダイアログボックスが表示されます。

③《テーブル》タブを選択します。

④一覧から「T得意先マスター」を選択します。

⑤《追加》をクリックします。

《テーブルの表示》ダイアログボックスを閉じます。

⑥《閉じる》をクリックします。

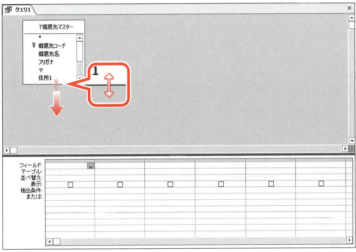

クエリウィンドウにテーブル「T得意先マスター」のフィールドリストが表示されます。

※リボンに《デザイン》タブが追加され、自動的に《デザイン》タブに切り替わります。

フィールドリストのフィールド名がすべて表示されるように、フィールドリストのサイズを調整します。

⑦フィールドリストの下端をポイントします。

マウスポインターの形が に変わります。

⑧下方向にドラッグします。

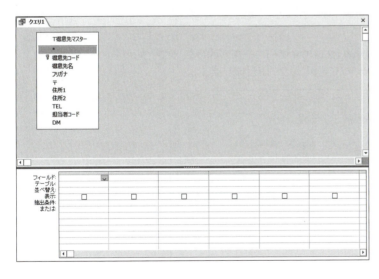

フィールド名がすべて表示されます。

POINT フィールドリストの削除

クエリウィンドウからフィールドリストを削除する方法は、次のとおりです。

◆フィールドリストを選択→ Delete

POINT フィールドリストの追加

《テーブルの表示》ダイアログボックスを再表示し、クエリウィンドウにフィールドリストを追加する方法は、次のとおりです。

◆《デザイン》タブ→《クエリ設定》グループの （テーブルの表示）→追加するオブジェクトを選択→《追加》

POINT クエリの作成方法

クエリを作成する方法には、次のようなものがあります。

●デザインビューで作成

《作成》タブ→《クエリ》グループの （クエリデザイン）をクリックして、デザインビューからクエリを作成します。テーブルから必要なフィールドを選択し、目的に合わせて加工します。また、レコードを抽出するための条件も設定できます。

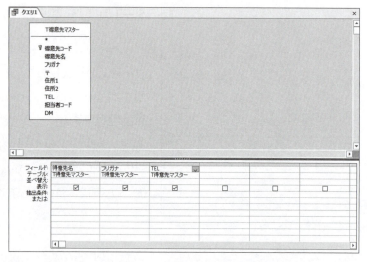

●クエリウィザードで作成

《作成》タブ→《クエリ》グループの （クエリウィザード）をクリックして、クエリウィザードからクエリを作成します。対話形式で必要なフィールドを選択し、クエリを作成します。

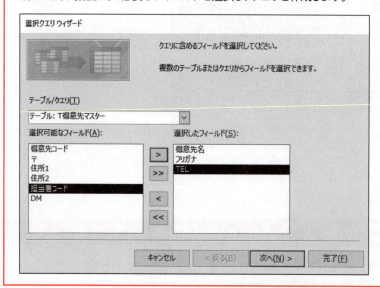

3 デザインビューの画面構成

デザインビューの各部の名称と役割を確認しましょう。

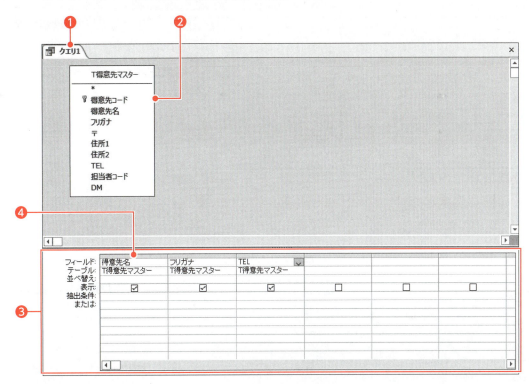

❶タブ
クエリ名が表示されます。

❷フィールドリスト
クエリのもとになるテーブルのフィールド名が一覧で表示されます。
デザイングリッドにフィールドを登録するときに使います。

❸デザイングリッド
データシートビューで表示するフィールドを登録し、並べ替えや抽出条件などを設定できます。
デザイングリッドのひとつひとつのます目を「**セル**」といいます。

❹フィールドセレクター
デザイングリッドのフィールドを選択するときに使います。

4 フィールドの登録

「得意先名」「フリガナ」「TEL」フィールドを、デザイングリッドに登録しましょう。

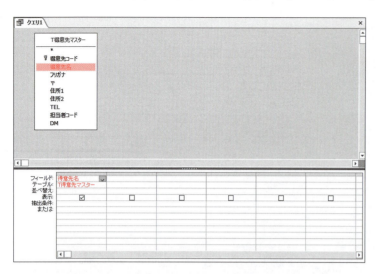

①フィールドリストの**「得意先名」**をダブルクリックします。

「得意先名」がデザイングリッドに登録されます。

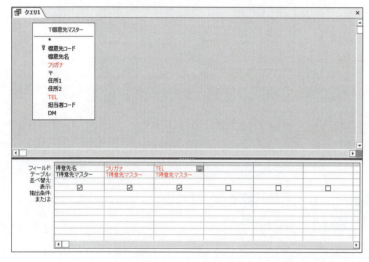

②同様に、**「フリガナ」**と**「TEL」**を登録します。

STEP UP　その他の方法（フィールドの登録）

◆フィールドを選択→デザイングリッドへドラッグ

POINT　フィールドの削除

デザイングリッドに登録したフィールドを削除する方法は、次のとおりです。

◆フィールドセレクターをクリック→ Delete

※デザイングリッドからフィールドを削除しても、実際のデータは削除されません。

5 クエリの実行

クエリの実行結果を確認しましょう。
データシートビューに切り替えることで、クエリを実行できます。

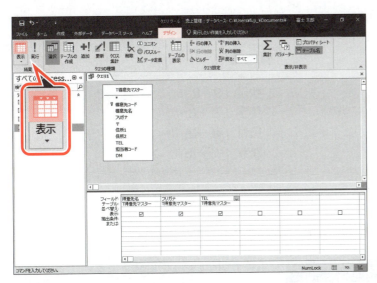

① 《**デザイン**》タブを選択します。
② 《**結果**》グループの ![表示] （表示）をクリックします。

クエリが実行され、データシートビューに切り替わります。

③ 「**得意先名**」「**フリガナ**」「**TEL**」の3つのフィールドが表示されていることを確認します。

STEP UP　その他の方法（クエリの実行）

◆《デザイン》タブ→《結果》グループの ![実行] （実行）

POINT　クエリの実行結果

クエリの実行によって編成された仮想テーブルのデータを変更すると、もとになるテーブルに反映されます。
また、クエリの実行によって表示されるフィールドの列幅は、テーブルで調整したフィールドの列幅が反映されます。

6 並べ替え

クエリでは、特定のフィールドを基準に、レコードを並べ替えることができます。

1 並べ替えの順序

並べ替えの順序には「**昇順**」と「**降順**」があります。

●昇順

数値：0→9
英字：A→Z
日付：古→新
かな：あ→ん

●降順

数値：9→0
英字：Z→A
日付：新→古
かな：ん→あ

2 並べ替え

「**フリガナ**」フィールドを基準に五十音順（あ→ん）に並べ替えましょう。

デザインビューに切り替えます。

①《**ホーム**》タブを選択します。

②《**表示**》グループの (表示)をクリックします。

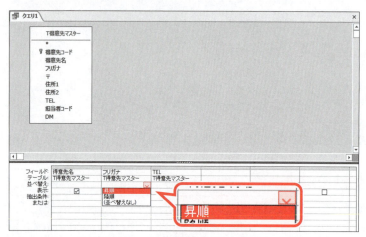

並べ替えを設定します。

③デザイングリッドの「**フリガナ**」フィールドの《**並べ替え**》セルをクリックします。

が表示されます。

④ をクリックし、一覧から《**昇順**》を選択します。

クエリを実行して、結果を確認します。

⑤《**デザイン**》タブを選択します。

⑥《**結果**》グループの (表示)をクリックします。

データシートビューに切り替わり、「**フリガナ**」フィールドを基準に五十音順に並び替わります。

7 フィールドの入れ替え

フィールドを入れ替えて、表示順を変更しましょう。
「**フリガナ**」フィールドを一番左に移動します。

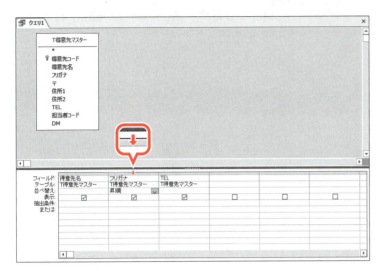

デザインビューに切り替えます。
①《**ホーム**》タブを選択します。
②《**表示**》グループの (表示)をクリックします。
③「**フリガナ**」フィールドのフィールドセレクターをポイントします。
マウスポインターの形が に変わります。
④クリックします。

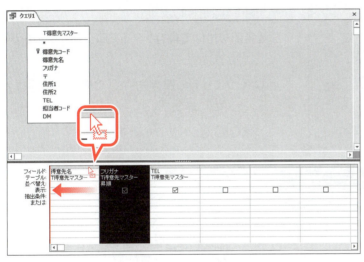

「**フリガナ**」フィールドが選択されます。
⑤「**フリガナ**」フィールドのフィールドセレクターをポイントします。
マウスポインターの形が に変わります。
⑥図のように、左方向にドラッグします。
ドラッグ中、マウスポインターの形が に変わり、移動先に境界線が表示されます。

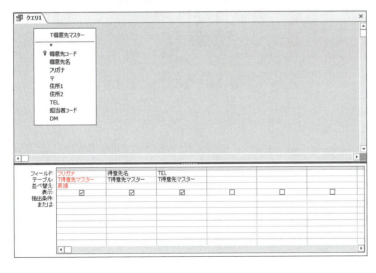

「**フリガナ**」フィールドが一番左に移動されます。
※任意の場所をクリックし、選択を解除しておきましょう。

クエリを実行して、結果を確認します。

⑦《デザイン》タブを選択します。

⑧《結果》グループの (表示)をクリックします。

⑨「フリガナ」フィールドが移動されたことを確認します。

8 クエリの保存

作成したクエリに「Q得意先電話帳」と名前を付けて保存しましょう。

① F12 を押します。

《名前を付けて保存》ダイアログボックスが表示されます。

②《'クエリ1'の保存先》に「Q得意先電話帳」と入力します。

③《OK》をクリックします。

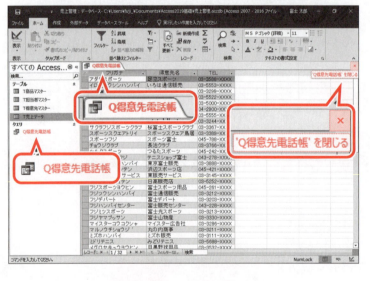

クエリが保存されます。

④タブとナビゲーションウィンドウにクエリ名が表示されていることを確認します。

※クエリ名が表示されない場合は、ナビゲーションウィンドウのメニューの一覧から《すべてのAccessオブジェクト》を選択します。

クエリを閉じます。

⑤クエリウィンドウの ('Q得意先電話帳'を閉じる)をクリックします。

STEP UP クエリの保存

クエリを保存すると、データそのものではなく、表示するフィールドや並べ替え、計算式などの設定情報が保存されます。クエリは、実行時にこれらの設定情報を利用して、テーブルに格納されたデータを加工して表示します。

したがって、テーブルのデータを変更すると、クエリの抽出結果や計算結果に、変更が自動的に反映されます。

Step 3 得意先マスターを作成する

1 作成するクエリの確認

次のようなクエリ「**Q得意先マスター**」を作成しましょう。

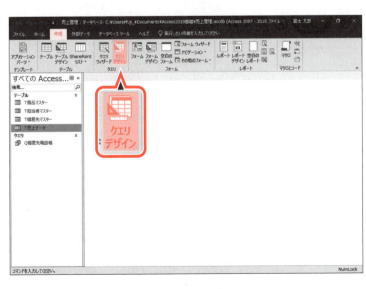

テーブル「T担当者マスター」から自動的に参照

2 クエリの作成

テーブル「**T得意先マスター**」とテーブル「**T担当者マスター**」をもとに、クエリ「**Q得意先マスター**」を作成しましょう。

① 《**作成**》タブを選択します。
② 《**クエリ**》グループの （クエリデザイン）をクリックします。

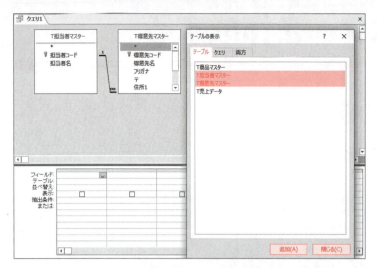

クエリウィンドウと《テーブルの表示》ダイアログボックスが表示されます。

③《テーブル》タブを選択します。
④一覧から「T担当者マスター」を選択します。
⑤ Shift を押しながら、「T得意先マスター」を選択します。
⑥《追加》をクリックします。

《テーブルの表示》ダイアログボックスを閉じます。

⑦《閉じる》をクリックします。

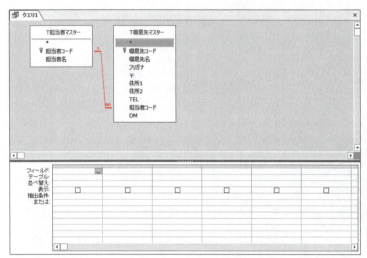

クエリウィンドウに2つのテーブルのフィールドリストが表示されます。

⑧リレーションシップの結合線が表示されていることを確認します。

※図のように、フィールドリストのサイズを調整しておきましょう。

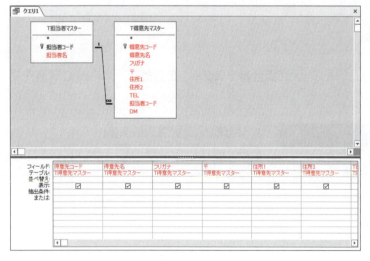

⑨次の順番でフィールドをデザイングリッドに登録します。

テーブル	フィールド
T得意先マスター	得意先コード
〃	得意先名
〃	フリガナ
〃	〒
〃	住所1
〃	住所2
〃	TEL
〃	担当者コード
T担当者マスター	担当者名
T得意先マスター	DM

※スクロールして、デザイングリッドに登録したフィールドを確認しましょう。

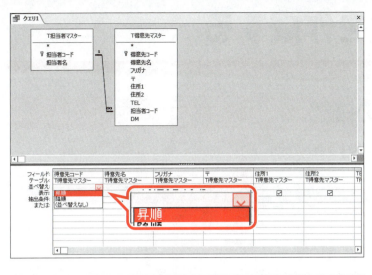

得意先コードを基準に昇順に並べ替えます。

⑩「得意先コード」フィールドの《並べ替え》セルをクリックします。

⑪ ▼ をクリックし、一覧から《昇順》を選択します。

クエリを実行して、結果を確認します。

⑫《デザイン》タブを選択します。

⑬《結果》グループの ▦ （表示）をクリックします。

データシートビューに切り替わります。

⑭「得意先コード」フィールドを基準に昇順に並び替わり、「担当者名」フィールドが自動的に参照されていることを確認します。

※一覧に表示されていない場合は、スクロールして調整します。

作成したクエリを保存します。

⑮ F12 を押します。

《名前を付けて保存》ダイアログボックスが表示されます。

⑯《'クエリ1'の保存先》に「Q得意先マスター」と入力します。

⑰《OK》をクリックします。

クエリが保存されます。

※クエリを閉じておきましょう。

Step 4 売上データを作成する

1 作成するクエリの確認

次のようなクエリ「**Q売上データ**」を作成しましょう。

- テーブル「T得意先マスター」から自動的に参照
- テーブル「T担当者マスター」から自動的に参照
- テーブル「T商品マスター」から自動的に参照
- 既存のフィールドをもとに計算

2 クエリの作成

「T売上データ」「T得意先マスター」「T担当者マスター」「T商品マスター」の4つのテーブルをもとに、クエリ「**Q売上データ**」を作成しましょう。

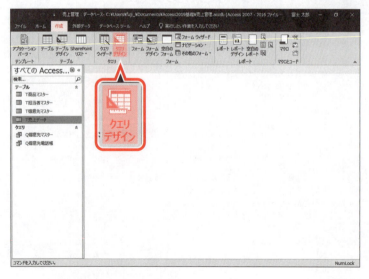

①《**作成**》タブを選択します。
②《**クエリ**》グループの (クエリデザイン)をクリックします。

クエリウィンドウと《テーブルの表示》ダイアログボックスが表示されます。

③《テーブル》タブを選択します。
④一覧から「T商品マスター」を選択します。
⑤【Shift】を押しながら、「T売上データ」を選択します。
⑥《追加》をクリックします。

《テーブルの表示》ダイアログボックスを閉じます。

⑦《閉じる》をクリックします。

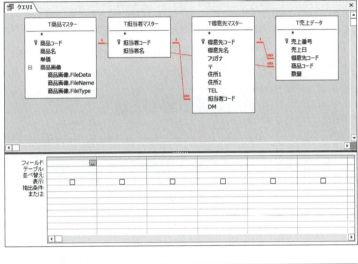

クエリウィンドウに4つのテーブルのフィールドリストが表示されます。

⑧リレーションシップの結合線が表示されていることを確認します。

※図のように、フィールドリストのサイズを調整しておきましょう。

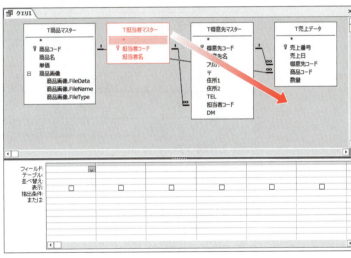

リレーションシップの設定を見やすくするために、フィールドリストの配置を変更します。

テーブル「T担当者マスター」のフィールドリストを移動します。

⑨フィールドリストのタイトルバーを図のようにドラッグします。

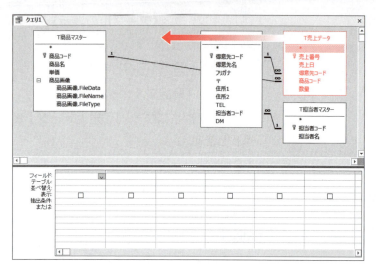

テーブル「T売上データ」のフィールドリストを移動します。

⑩フィールドリストのタイトルバーを図のようにドラッグします。

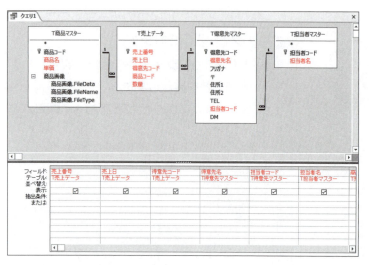

フィールドリストが移動されます。
※図のようにフィールドリストを配置しておきましょう。
⑪次の順番でフィールドをデザイングリッドに登録します。

テーブル	フィールド
T売上データ	売上番号
〃	売上日
〃	得意先コード
T得意先マスター	得意先名
〃	担当者コード
T担当者マスター	担当者名
T売上データ	商品コード
T商品マスター	商品名
〃	単価
T売上データ	数量

※スクロールして、デザイングリッドに登録したフィールドを確認しましょう。

「売上番号」フィールドを基準に昇順に並べ替えます。

⑫「売上番号」フィールドの《並べ替え》セルをクリックします。

⑬ ▽ をクリックし、一覧から《昇順》を選択します。

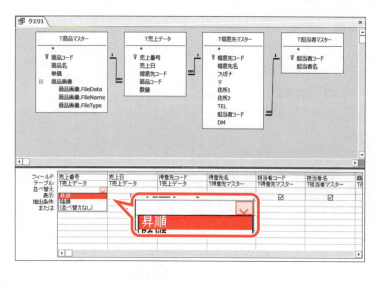

クエリを実行して、結果を確認します。

⑭《デザイン》タブを選択します。

⑮《結果》グループの ▦（表示）をクリックします。

データシートビューに切り替わります。

⑯「売上番号」フィールドを基準に昇順に並び替わり、次の各フィールドが自動的に参照されていることを確認します。

```
得意先名
担当者コード
担当者名
商品名
単価
```

3 演算フィールドの作成

次のように、「単価」×「数量」を計算して、「金額」を表示する演算フィールドを作成しましょう。

演算フィールド

108

1 演算フィールド

「**演算フィールド**」とは、既存のフィールドをもとに計算式を入力し、その計算結果を表示するフィールドのことです。

演算フィールドは計算式だけを定義したフィールドです。計算結果はテーブルに蓄積されないので、ディスク容量を節約できます。もとのフィールドの値が変化すれば、計算結果も自動的に再計算されます。

クエリのデザイングリッドに演算フィールドを作成するには、《**フィールド**》セルに次のように入力します。

```
金額：[単価]＊[数量]
 ❶  ❷  ❸
```

❶作成するフィールド名
❷：（コロン）
❸計算式

※フィールド名の[ ]は省略できます。「：（コロン）」や算術演算子は半角で入力します。

POINT 算術演算子

演算フィールドでは、次のような算術演算子を使います。

算術演算子	意味
＋	加算
－	減算
＊	乗算
／	除算
＾	べき乗

2 演算フィールドの作成

「**金額**」フィールドを作成しましょう。「**金額**」は「**単価**」×「**数量**」で求めます。

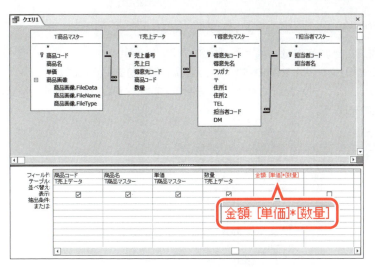

デザインビューに切り替えます。
① 《**ホーム**》タブを選択します。
② 《**表示**》グループの をクリックします。
③ 「**数量**」フィールドの右の《**フィールド**》セルに次のように入力します。

金額：[単価]＊[数量]

※記号は半角で入力します。入力の際、[ ]は省略できます。

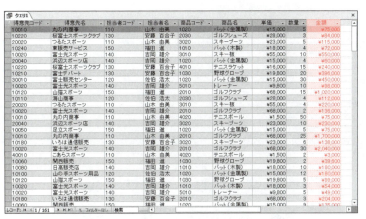

クエリを実行して、結果を確認します。
④ 《**デザイン**》タブを選択します。
⑤ 《**結果**》グループの をクリックします。
⑥ 「**金額**」フィールドが作成され、計算結果が表示されていることを確認します。
※一覧に表示されていない場合は、スクロールして調整します。

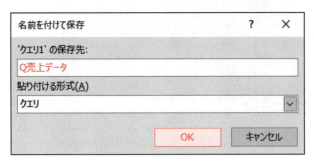

作成したクエリを保存します。
⑦ [F12]を押します。
《**名前を付けて保存**》ダイアログボックスが表示されます。
⑧ 《'**クエリ1**'の保存先》に「**Q売上データ**」と入力します。
⑨ 《**OK**》をクリックします。
クエリが保存されます。
※クエリを閉じておきましょう。

110

Let's Try ためしてみよう

① クエリ「Q売上データ」をデザインビューで開きましょう。

Hint! ナビゲーションウィンドウのクエリ名を右クリック→《デザインビュー》を使います。

② 「金額」フィールドの右に「消費税」フィールドを作成しましょう。「金額×0.08」を表示します。
③ 「消費税」フィールドの右に「税込金額」フィールドを作成しましょう。「金額+消費税」を表示します。
※クエリを実行して、結果を確認しましょう。一覧に表示されていない場合は、スクロールして調整します。
※クエリを上書き保存し、閉じておきましょう。

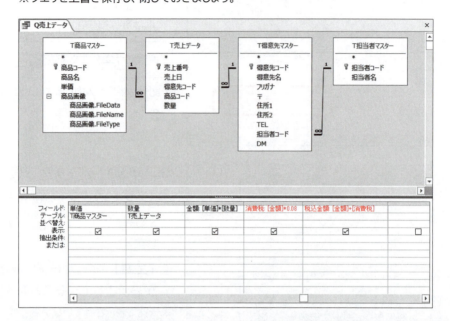

Let's Try Answer

①
① ナビゲーションウィンドウのクエリ「Q売上データ」を右クリック
②《デザインビュー》をクリック

②
①「金額」フィールドの右の《フィールド》セルに「消費税:[金額]*0.08」と入力
※数字と記号は半角で入力します。入力の際、[ ]は省略できます。

③
①「消費税」フィールドの右の《フィールド》セルに「税込金額:[金額]+[消費税]」と入力
※記号は半角で入力します。入力の際、[ ]は省略できます。
※「税込金額」フィールドのフィールドセレクターの右側の境界線をダブルクリックし、列幅を調整して、計算式を確認しましょう。

第6章

フォームによるデータの入力

Check	この章で学ぶこと	113
Step1	フォームの概要	114
Step2	商品マスターの入力画面を作成する	116
Step3	商品マスターの入力画面を編集する	127
Step4	得意先マスターの入力画面を作成する	130
Step5	売上データの入力画面を作成する	143
Step6	担当者マスターの入力画面を作成する	154

第6章 この章で学ぶこと

学習前に習得すべきポイントを理解しておき、
学習後には確実に習得できたかどうかを振り返りましょう。

1	フォームで何ができるかを説明できる。	→ P.114
2	フォームのビューの違いを理解し、使い分けることができる。	→ P.115
3	フォームウィザードでフォームを作成できる。	→ P.116
4	フォームにデータを入力できる。	→ P.123
5	コントロールのサイズを変更できる。	→ P.129
6	コントロールを削除できる。	→ P.134
7	コントロールを移動できる。	→ P.135
8	コントロールの書式を設定できる。	→ P.137
9	データを書き換えることのないように、コントロールにプロパティを設定できる。	→ P.140
10	カーソルが移動しないように、コントロールにプロパティを設定できる。	→ P.141
11	複数のレコードを一覧で表示するフォームを作成できる。	→ P.154
12	フォームのタイトルを編集できる。	→ P.155

Step 1 フォームの概要

1 フォームの概要

「**フォーム**」とは、効率よくデータを入力したり、更新したりするためのオブジェクトです。フォームを利用すると、1レコードを1画面に表示したり、帳票形式で表示したりできるので、データの入力が容易になります。

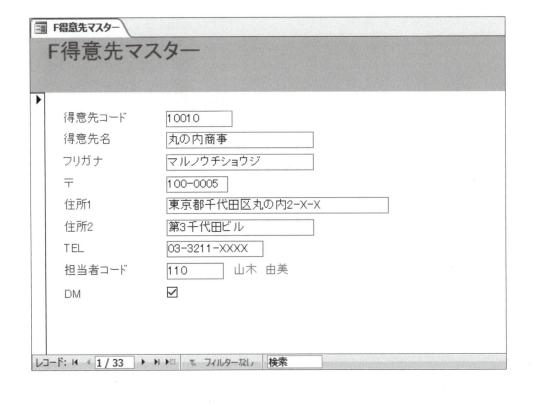

114

2 フォームのビュー

フォームには、次のようなビューがあります。

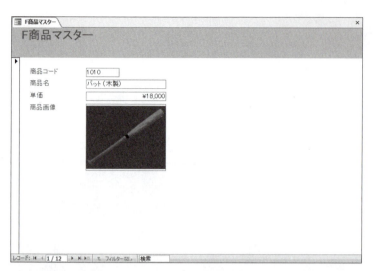

●フォームビュー

フォームビューは、データ入力用のビューです。データを入力したり、更新したりします。
フォームのレイアウトを変更したり、構造を定義したりすることはできません。

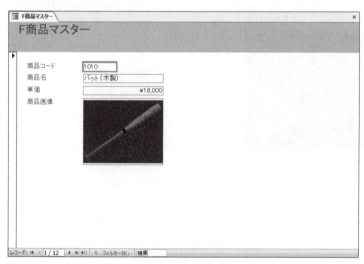

●レイアウトビュー

レイアウトビューは、フォームの基本的なレイアウトを変更するビューです。実際のデータを表示した状態で、データに合わせてサイズや位置を調整することができます。
データを入力することはできません。

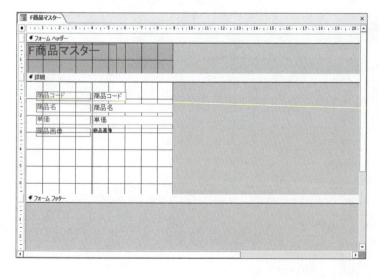

●デザインビュー

デザインビューは、フォームの構造の詳細を変更するビューです。実際のデータは表示されませんが、レイアウトビューよりもより細かくデザインを変更することができます。
データを入力することはできません。

Step 2 商品マスターの入力画面を作成する

1 作成するフォームの確認

次のようなフォーム「**F商品マスター**」を作成しましょう。

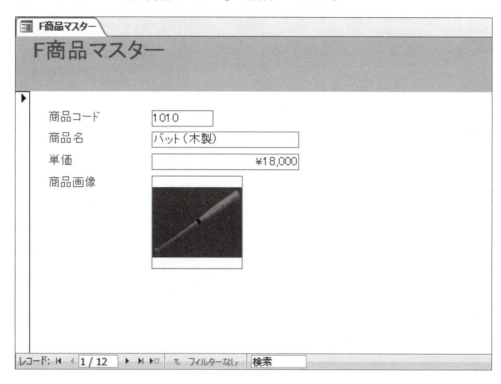

2 フォームの作成

フォームウィザードを使って、テーブル「**T商品マスター**」をもとに、フォーム「**F商品マスター**」を作成しましょう。

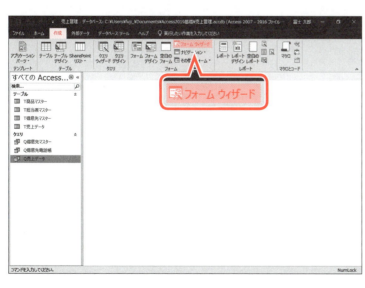

①《**作成**》タブを選択します。
②《**フォーム**》グループの ![フォームウィザード] （フォームウィザード）をクリックします。

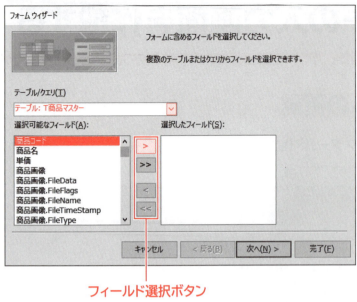

フィールド選択ボタン

《フォームウィザード》が表示されます。

③《テーブル/クエリ》の ∨ をクリックし、一覧から「テーブル：T商品マスター」を選択します。

フォームに必要なフィールドを選択します。

④《選択可能なフィールド》の一覧から「商品コード」を選択します。

⑤フィールド選択ボタンの > をクリックします。

POINT フィールド選択ボタン

すべてのフィールドを一度に選択したり、選択したフィールドを解除したりできます。

ボタン	説明
>	フィールドを選択する
>>	すべてのフィールドを選択する
<	選択したフィールドを解除する
<<	選択したすべてのフィールドを解除する

《選択したフィールド》に「商品コード」が移動します。

⑥同様に、《選択したフィールド》に「商品名」「単価」「商品画像」を移動します。

⑦《次へ》をクリックします。

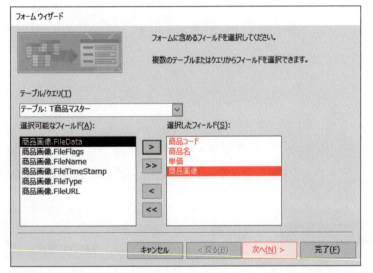

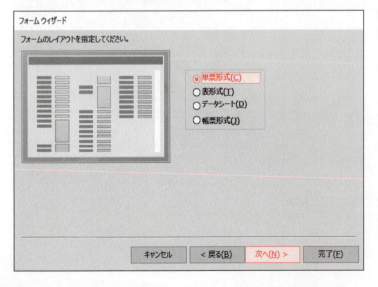

フォームのレイアウトを指定します。

⑧《単票形式》を ⦿ にします。

⑨《次へ》をクリックします。

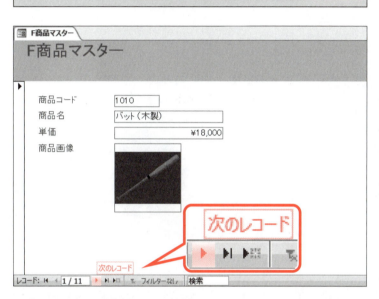

フォーム名を入力します。

⑩《フォーム名を指定してください。》に「F商品マスター」と入力します。

⑪《フォームを開いてデータを入力する》を◉にします。

⑫《完了》をクリックします。

作成したフォームがフォームビューで表示されます。

データをフォームビューで確認します。

⑬1件目のレコードが表示されていることを確認します。

⑭ ▶ (次のレコード)をクリックします。

2件目のレコードが表示されます。

⑮同様に、最終のレコードまで確認します。

118

POINT フォームのレイアウト

フォームのレイアウトには、次の4つの形式があります。

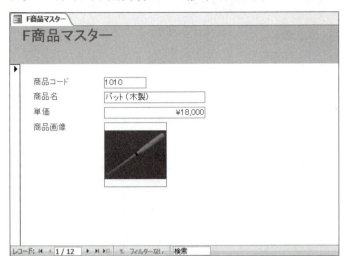

●単票形式
1件のレコードを1枚のカードのように表示します。

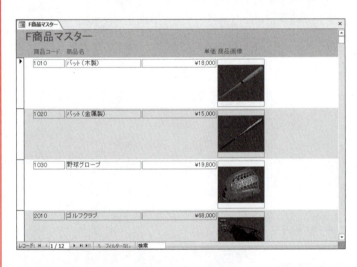

●表形式
レコードを一覧で表示します。

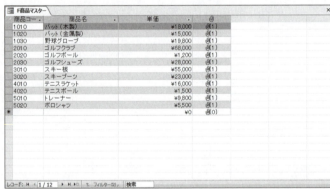

●データシート
レコードを一覧で表示します。
表形式より多くのレコードを表示できます。

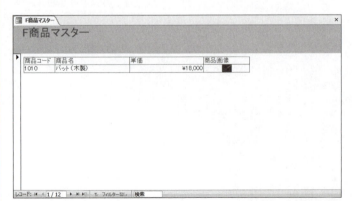

●帳票形式
1件のレコードを1枚の帳票のように表示します。

POINT フォームの作成方法

フォームを作成する方法には、次のようなものがあります。

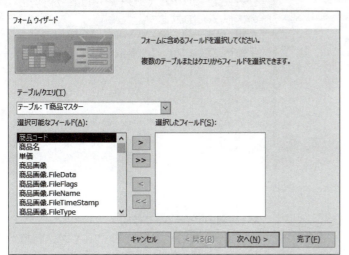

●フォームウィザードで作成

《作成》タブ→《フォーム》グループの ■フォームウィザード（フォームウィザード）をクリックして対話形式で設問に答えることにより、もとになるテーブルやクエリ、フィールド、表示形式などが設定され、フォームが作成されます。

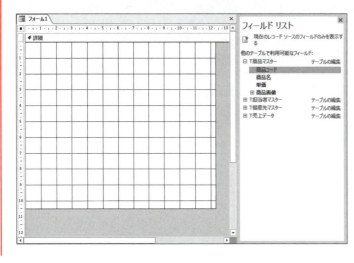

●■（フォーム）で作成

ナビゲーションウィンドウのテーブルやクエリを選択して《作成》タブ→《フォーム》グループの■（フォーム）をクリックするだけで、フォームが自動的に作成されます。
もとになるテーブルやクエリのすべてのフィールドがフォームに表示されます。

●デザインビューで作成

《作成》タブ→《フォーム》グループの■（フォームデザイン）をクリックして、デザインビューから空白のフォームを作成します。
もとになるテーブルやフィールド、表示形式などを手動で設定し、フォームを作成します。

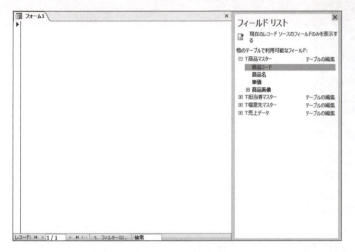

● レイアウトビューで作成

《作成》タブ→《フォーム》グループの (空白のフォーム)をクリックして、レイアウトビューから空白のフォームを作成します。
もとになるテーブルやフィールド、表示形式などを手動で設定し、フォームを作成します。

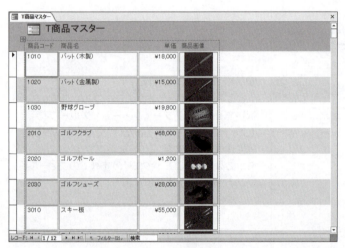

● 《複数のアイテム》で作成

ナビゲーションウィンドウのテーブルやクエリを選択して《作成》タブ→《フォーム》グループの (その他のフォーム)の《複数のアイテム》をクリックするだけで、複数のレコードを表示する表形式のフォームが自動的に作成されます。
もとになるテーブルやクエリのすべてのフィールドがフォームに表示されます。

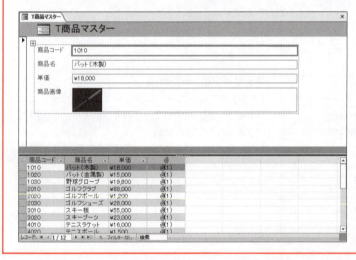

● 《分割フォーム》で作成

ナビゲーションウィンドウのテーブルやクエリを選択して《作成》タブ→《フォーム》グループの (その他のフォーム)の《分割フォーム》をクリックするだけで、フォームレイアウトとデータシートをひとつの画面に表示した分割フォームが自動的に作成されます。フォームレイアウトとデータシートは連動しているので、一方でデータの入力、更新を行うと、もう一方にも自動的に反映されます。
もとになるテーブルやクエリのすべてのフィールドがフォームに表示されます。

3 フォームビューの画面構成

フォームビューの各部の名称と役割を確認しましょう。

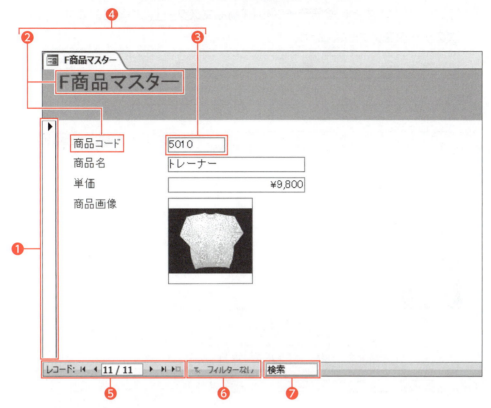

❶レコードセレクター
レコードを選択するときに使います。

❷ラベル
タイトルやフィールド名を表示します。

❸テキストボックス
文字列や数値などのデータを表示したり入力したりする領域です。

❹コントロール
ラベルやテキストボックスなどの各要素の総称です。

❺レコード移動ボタン
レコード間でカーソルを移動するときに使います。

ボタン	説明
◄ （先頭レコード）	先頭レコードへ移動する
◄ （前のレコード）	前のレコードへ移動する
11 / 11 （カレントレコード）	現在選択されているレコードの番号と全レコード数を表示する
► （次のレコード）	次のレコードへ移動する
►❘ （最終レコード）	最終レコードへ移動する
►* （新しい（空の）レコード）	最終レコードの次の新規レコードへ移動する

❻フィルター
フィールドに抽出条件が設定されている場合に、フィルターの適用と解除を切り替えます。

❼検索
検索するフィールドのキーワードを入力します。

4 データの入力

フォーム「**F商品マスター**」はテーブル「**T商品マスター**」をもとに作成されています。入力したデータは、もとになるテーブル「**T商品マスター**」に格納されます。
次のデータを入力しましょう。

商品コード	商品名	単価
5020	ポロシャツ	¥5,500

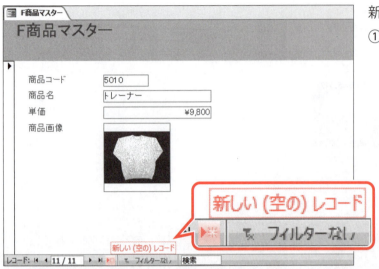

新規レコードの入力画面を表示します。
① ▶※ (新しい (空の) レコード) をクリックします。

②「**商品コード**」テキストボックスに「**5020**」と入力します。
※半角で入力します。
③ [Tab] または [Enter] を押します。
カーソルが「**商品名**」テキストボックスに移動します。
④「**ポロシャツ**」と入力します。
⑤ [Tab] または [Enter] を押します。
カーソルが「**単価**」テキストボックスに移動します。
⑥「**5500**」と入力します。
⑦ [Tab] または [Enter] を押します。

「**商品画像**」ボックスが選択されます。

⑧「**商品画像**」ボックスをダブルクリックします。

《**添付ファイル**》ダイアログボックスが表示されます。

⑨《**追加**》をクリックします。

《**ファイルの選択**》ダイアログボックスが表示されます。

⑩《**ドキュメント**》が開かれていることを確認します。

※《ドキュメント》が開かれていない場合は、《PC》→《ドキュメント》を選択します。

⑪一覧から「**Access2019基礎**」を選択します。

⑫《**開く**》をクリックします。

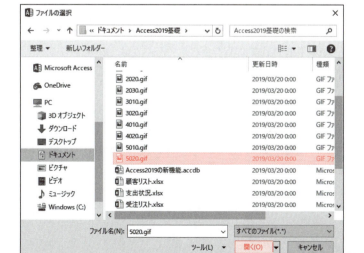

開くファイルを選択します。

⑬一覧から「**5020.gif**」を選択します。

※一覧に表示されていない場合は、スクロールして調整します。

⑭《**開く**》をクリックします。

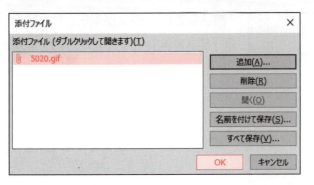

《添付ファイル》ダイアログボックスに戻ります。

⑮一覧に「**5020.gif**」が表示されていることを確認します。

⑯《**OK**》をクリックします。

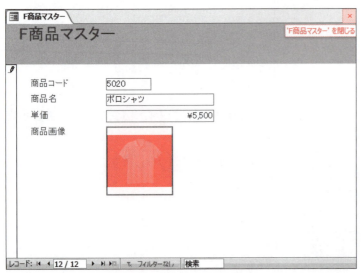

「**商品画像**」ボックスに添付ファイルが表示されます。

フォームを閉じます。

⑰フォームウィンドウの ✕ ('F商品マスター'を閉じる)をクリックします。

STEP UP　その他の方法（データの入力）

◆ [Ctrl] + [+]

POINT　レコードセレクターの表示

レコードセレクターに表示されるアイコンの意味は、次のとおりです。

アイコン	説明
▶	処理対象のレコード
🖉	入力中のレコード

POINT　レコードの保存

レコードを入力すると、自動的にテーブルに保存されます。保存されるタイミングは、次のとおりです。

- ●別のレコードにカーソルを移動する
- ●フォームを閉じる
- ●データベースを閉じる
- ●Accessを終了する

※自動的にレコードが保存される前に、入力をキャンセルしたいときは[Esc]を押します。

STEP UP レコードの削除

保存されたレコードを削除する方法は、次のとおりです。なお、リレーションシップが設定されたレコードが関連テーブルにある場合、レコードを削除できません。

◆削除するレコードのレコードセレクターを選択→《ホーム》タブ→《レコード》グループの ✕削除 （削除）

◆削除するレコードのレコードセレクターを選択→ Delete

5 テーブルの確認

入力したデータがテーブル「T商品マスター」に格納されていることを確認しましょう。
テーブル「T商品マスター」をデータシートビューで開きます。

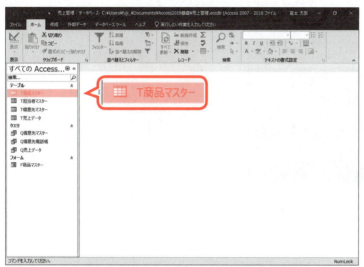

①ナビゲーションウィンドウのテーブル「T商品マスター」をダブルクリックします。

②最終行に、入力したデータが格納されていることを確認します。

※テーブルを閉じておきましょう。

Step3 商品マスターの入力画面を編集する

1 編集するフォームの確認

次のようにフォーム「**F商品マスター**」を編集しましょう。

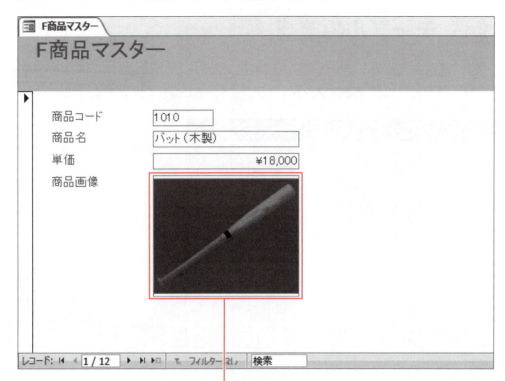

コントロールのサイズ変更

2 レイアウトビューで開く

レイアウトビューでは、フォームの基本的なレイアウトを変更できます。実際のデータが表示されるので、データに合わせてコントロールのサイズや位置を調整することができます。
フォーム「F商品マスター」をレイアウトビューで開きましょう。

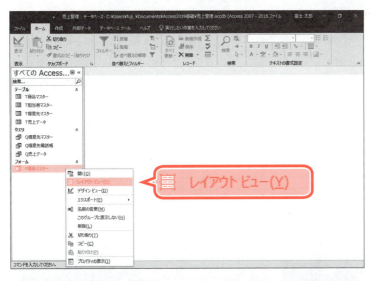

①ナビゲーションウィンドウのフォーム「**F商品マスター**」を右クリックします。
②《**レイアウトビュー**》をクリックします。

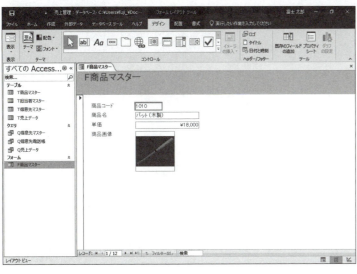

フォームがレイアウトビューで開かれます。
※リボンに《デザイン》タブ・《配置》タブ・《書式》タブが追加され、自動的に《デザイン》タブに切り替わります。
※《フィールドリスト》が表示された場合は、 ✕ (閉じる)をクリックして閉じておきましょう。

3 コントロールのサイズ変更

「商品画像」ボックスのサイズを拡大し、表示される画像のサイズを変更しましょう。

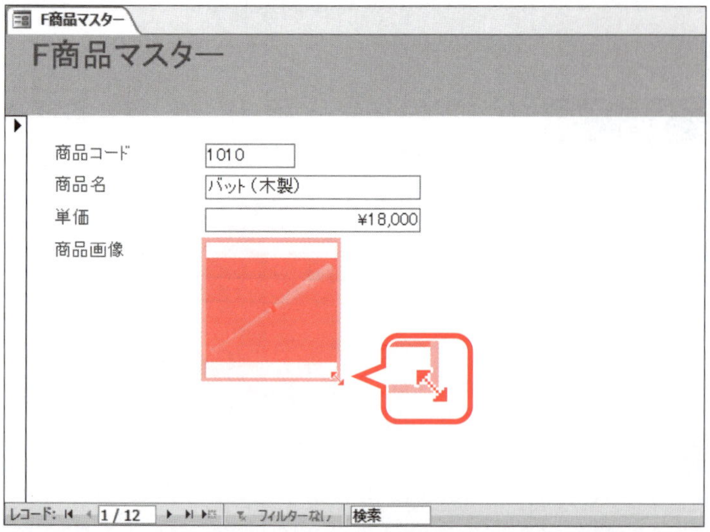

①「商品画像」ボックスをクリックします。
「商品画像」ボックスが選択されます。
②右下の境界線をポイントします。
マウスポインターの形が に変わります。

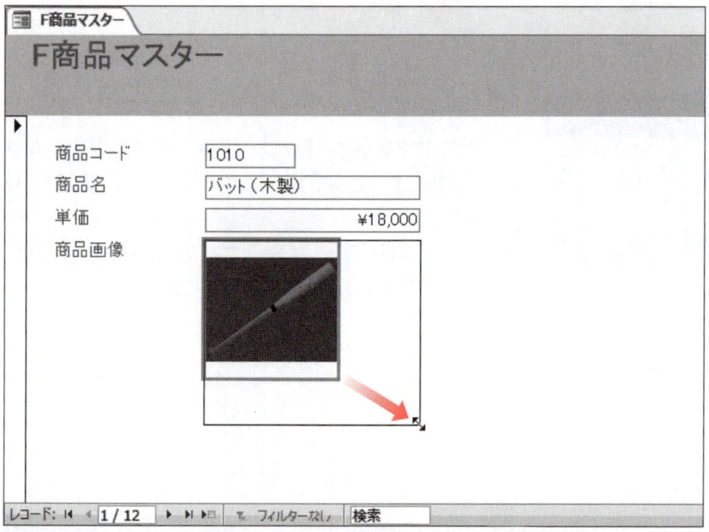

③図のようにドラッグします。

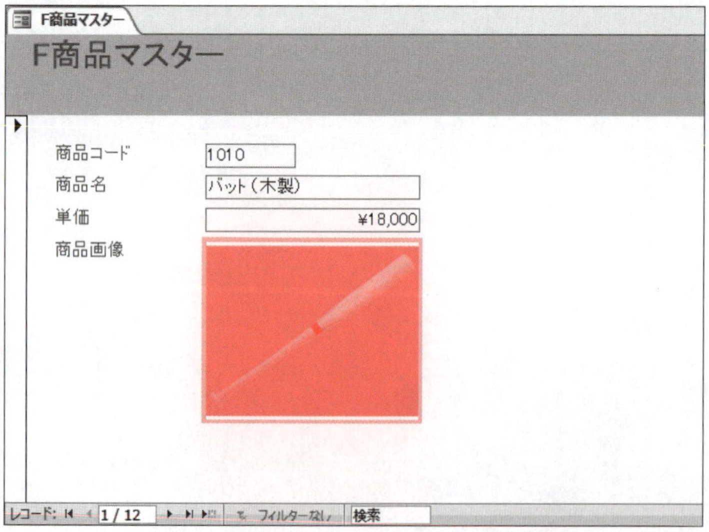

「商品画像」ボックスのサイズに合わせて、画像のサイズが変更されます。
※フォームを上書き保存し、閉じておきましょう。

Step 4　得意先マスターの入力画面を作成する

1　作成するフォームの確認

次のようなフォーム「**F得意先マスター**」を作成しましょう。

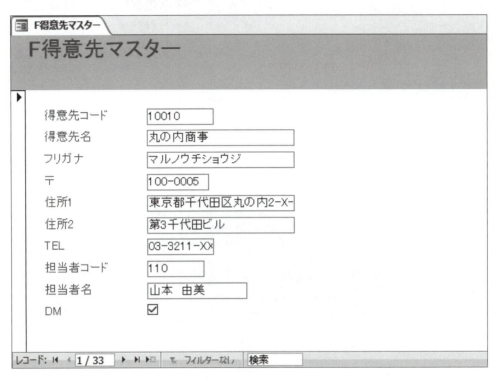

2　フォームの作成

フォームウィザードを使って、クエリ「**Q得意先マスター**」をもとに、フォーム「**F得意先マスター**」を作成しましょう。

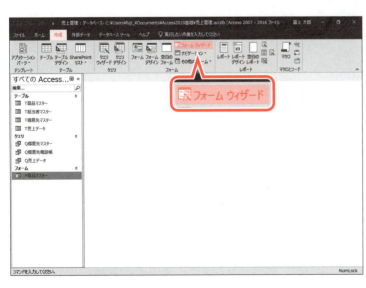

①《**作成**》タブを選択します。

②《**フォーム**》グループの （フォームウィザード）をクリックします。

第6章 フォームによるデータの入力

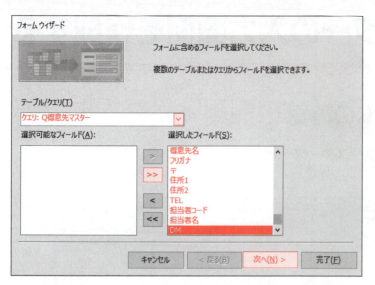

《フォームウィザード》が表示されます。
③《テーブル/クエリ》の ✓ をクリックし、一覧から「クエリ：Q得意先マスター」を選択します。
すべてのフィールドを選択します。
④ >> をクリックします。
《選択したフィールド》にすべてのフィールドが移動します。
⑤《次へ》をクリックします。

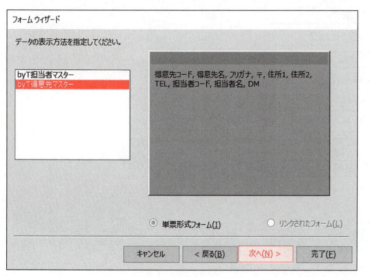

データの表示方法を指定します。
⑥「byT得意先マスター」が選択されていることを確認します。
⑦《次へ》をクリックします。

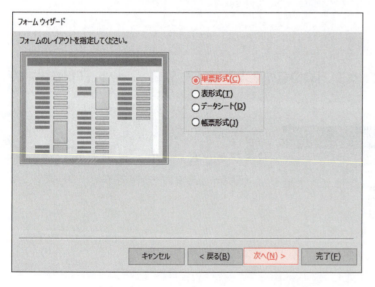

フォームのレイアウトを指定します。
⑧《単票形式》を ◉ にします。
⑨《次へ》をクリックします。

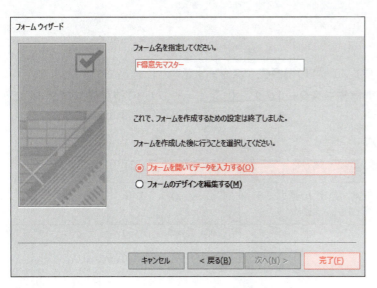

フォーム名を入力します。
⑩《フォーム名を指定してください。》に「F得意先マスター」と入力します。
⑪《フォームを開いてデータを入力する》を ◉にします。
⑫《完了》をクリックします。

作成したフォームがフォームビューで表示されます。
データをフォームビューで確認します。
⑬1件目のレコードが表示されていることを確認します。
⑭ ▶ (次のレコード) をクリックします。

2件目のレコードが表示されます。
⑮同様に、最終のレコードまで確認します。

3 データの入力

フォーム「F得意先マスター」はクエリ「Q得意先マスター」をもとに作成されています。入力したデータは、クエリ「Q得意先マスター」のもとになるテーブル「T得意先マスター」に格納されます。
次のデータを入力しましょう。

得意先コード	得意先名	フリガナ	〒	住所1	住所2	TEL	担当者コード	担当者名	DM
40020	草場スポーツ	クサバスポーツ	350-0001	埼玉県川越市古谷上1-X-X	川越ガーデンビル	049-233-XXXX	140	吉岡 雄介	✓

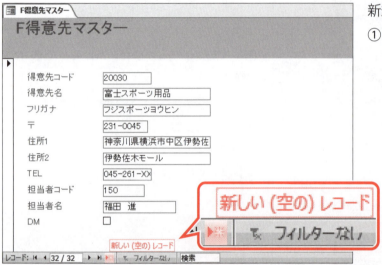

新規レコードの入力画面を表示します。
① ▶*（新しい（空の）レコード）をクリックします。

②「得意先コード」から「TEL」まで入力します。
※数字と記号は半角で入力します。
③「担当者コード」に「140」と入力します。
※半角で入力します。
④ Tab または Enter を押します。

テーブル「T得意先マスター」とテーブル「T担当者マスター」にはリレーションシップが作成されているので、「担当者名」は自動的に参照されます。

⑤「DM」チェックボックスを ✓ にします。
※ Tab または Enter を押して、入力中のレコードを保存しましょう。
※テーブル「T得意先マスター」を開き、入力したデータが格納されていることを確認しましょう。
※テーブルを閉じておきましょう。

4　編集するフォームの確認

次のようにフォーム「**F得意先マスター**」を編集しましょう。

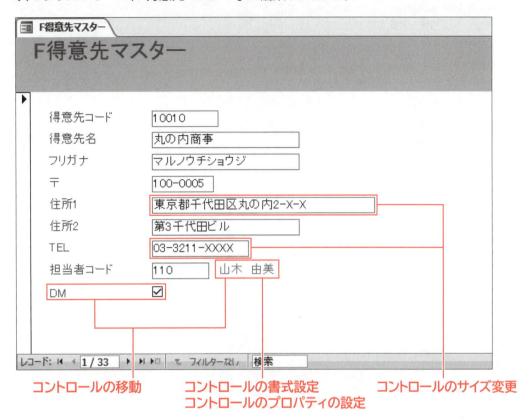

コントロールの移動　　コントロールの書式設定　　コントロールのサイズ変更
　　　　　　　　　　コントロールのプロパティの設定

5　コントロールの削除

コントロールは必要に応じて削除できます。
「**担当者名**」ラベルを削除しましょう。

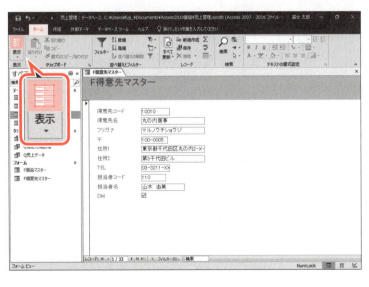

レイアウトビューに切り替えます。

①《**ホーム**》タブを選択します。

②《**表示**》グループの （表示）をクリックします。

※レコード移動ボタンを使って、1件目のレコードを表示しておきましょう。

※リボンに《デザイン》タブ・《配置》タブ・《書式》タブが追加され、自動的に《デザイン》タブに切り替わります。

※《フィールドリスト》が表示された場合は、 （閉じる）をクリックして閉じておきましょう。

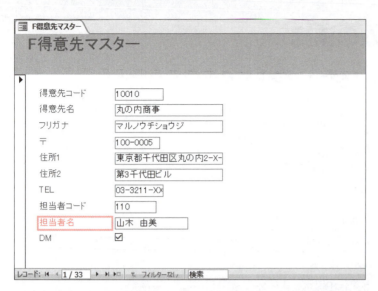

③「担当者名」ラベルを選択します。

④ Delete を押します。

「担当者名」ラベルが削除されます。

6 コントロールのサイズ変更と移動

コントロールのサイズや位置を変更できます。レイアウトビューを使うと、実際のデータを表示した状態で、データに合わせて調整することができます。

各テキストボックスのサイズを調整し、「担当者名」テキストボックスを移動しましょう。

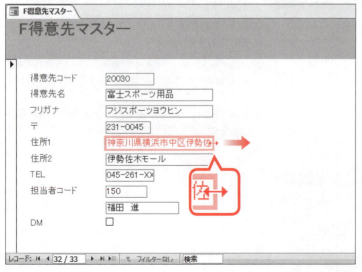

「住所1」テキストボックスのサイズを調整します。

※ここでは、住所1のデータが最長の32件目のレコード（得意先コード「20030」のレコード）を表示しておきましょう。

①「住所1」テキストボックスを選択します。

②テキストボックスの右端をポイントします。

マウスポインターの形が⟷に変わります。

③図のようにドラッグします。

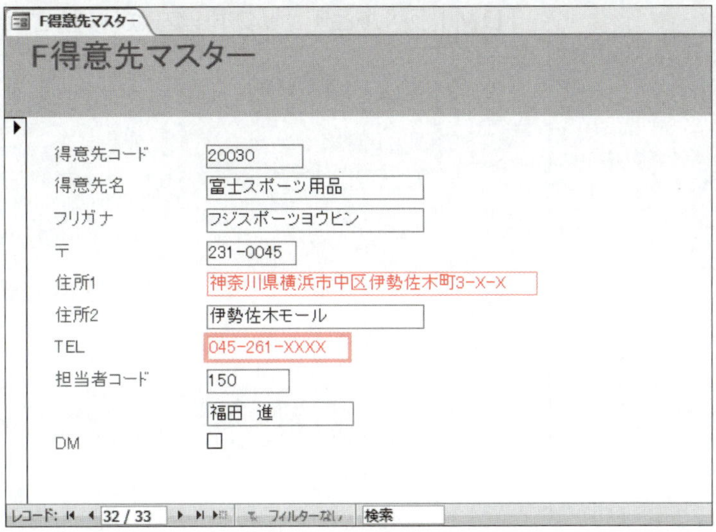

「住所1」テキストボックスのサイズが変更されます。

④同様に、「TEL」テキストボックスのサイズを調整します。

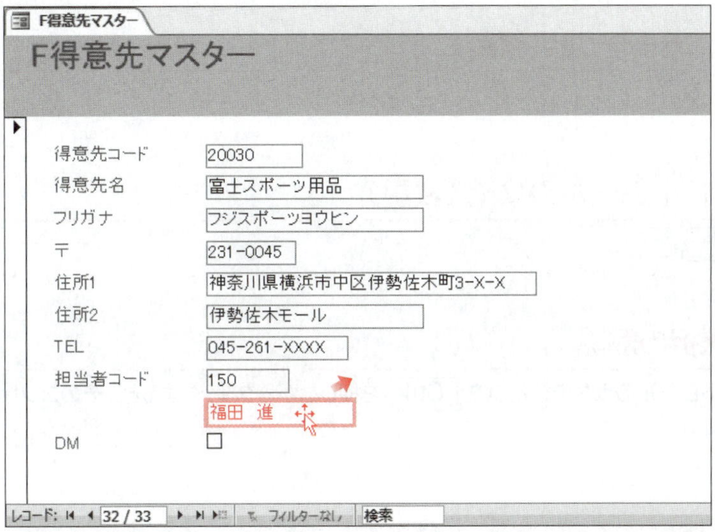

「担当者名」テキストボックスを「担当者コード」テキストボックスの右に移動します。

⑤「担当者名」テキストボックスを選択します。
⑥枠線内をポイントします。

マウスポインターの形が に変わります。

⑦図のようにドラッグします。

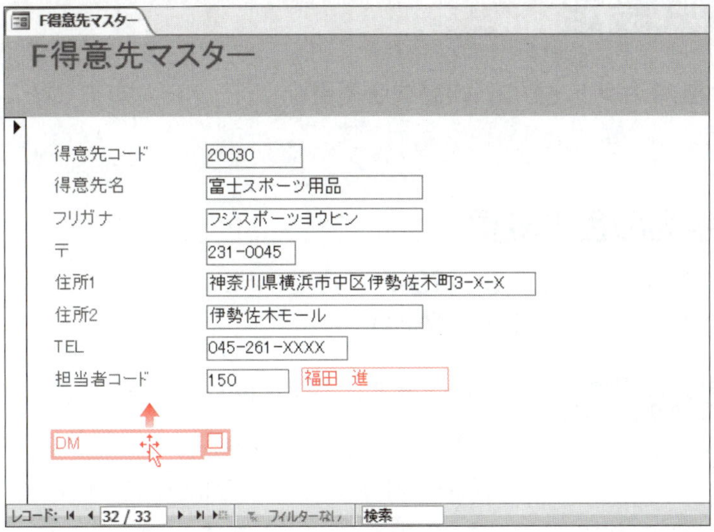

「担当者名」テキストボックスが移動されます。
「DM」ラベルとチェックボックスを移動します。

⑧「DM」ラベルを選択します。
⑨ Shift を押しながら、「DM」チェックボックスを選択します。
⑩枠線内をポイントします。

マウスポインターの形が に変わります。

⑪図のようにドラッグします。

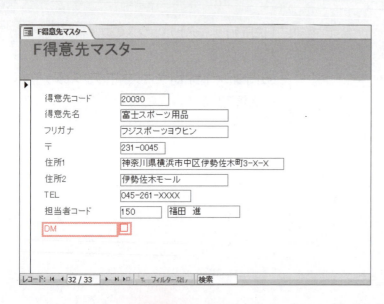

「DM」ラベルとチェックボックスが移動されます。

> **STEP UP** その他の方法（コントロールの移動）
> ◆ ↑ ↓ ← →

> **STEP UP** その他の方法（コントロールのサイズ変更）
> ◆ Shift + ↑ ↓ ← →

> **STEP UP** コントロールの選択の解除
> 選択された複数のコントロールのうちのひとつを Ctrl を押しながらクリックすると、そのコントロールの選択を解除できます。

7 コントロールの書式設定

入力する必要のない「担当者名」テキストボックスの書式を変更し、データを入力する際に見分けがつくようにしましょう。

1 コントロールの文字列の色の変更

「担当者名」テキストボックスの文字列の色を「薄い灰色4」に変更しましょう。
※設定する項目名が一覧にない場合は、任意の項目を選択してください。

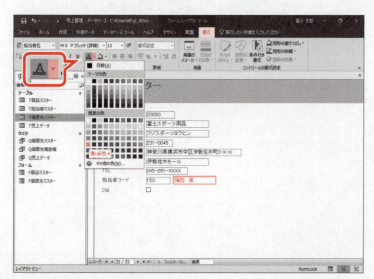

①「担当者名」テキストボックスを選択します。
②《書式》タブを選択します。
③《フォント》グループの （フォントの色）の をクリックします。
④《標準の色》の《薄い灰色4》をクリックします。

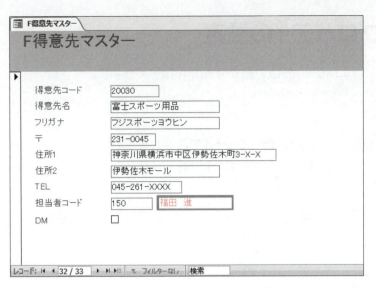

文字列の色が変更されます。

2 コントロールの枠線の色の変更

「担当者名」テキストボックスの枠線の色を透明に変更しましょう。

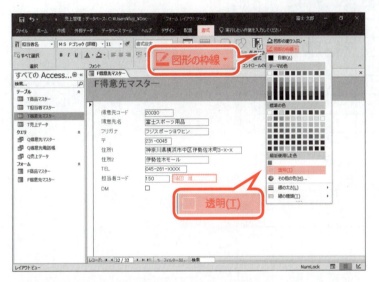

①「担当者名」テキストボックスが選択されていることを確認します。
②《書式》タブを選択します。
③《コントロールの書式設定》グループの 図形の枠線 ▼ （図形の枠線）をクリックします。
④《透明》をクリックします。

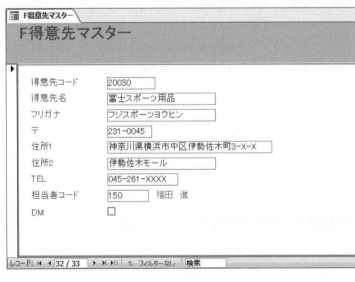

枠線の色が透明になります。
※任意の場所をクリックし、選択を解除しておきましょう。

8 コントロールのプロパティの設定

プロパティを設定すると、コントロールの外観や動作を細かく指定できます。

1 プロパティシート

コントロールのプロパティ（属性）は、「**プロパティシート**」で設定します。
プロパティシートはカテゴリごとに分類されています。タブを切り替えて、各プロパティを設定します。

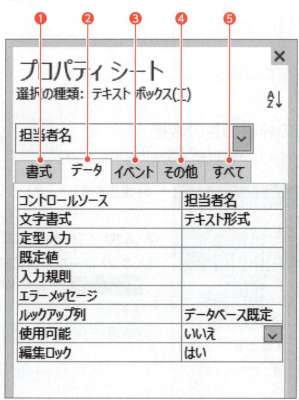

❶《書式》タブ
コントロールのデザインに関するプロパティを設定します。

❷《データ》タブ
コントロールに表示されるデータに関するプロパティを設定します。

❸《イベント》タブ
マクロ・モジュールの動作に関するプロパティを設定します。

❹《その他》タブ
その他のプロパティを設定します。

❺《すべて》タブ
《書式》《データ》《イベント》《その他》タブのすべてのプロパティを設定します。

2 《編集ロック》プロパティ

《編集ロック》プロパティは、コントロールのデータを編集可能な状態にするかどうかを指定します。

「担当者名」テキストボックスは自動的に参照されるので、フォームで入力したり、更新したりすることはありません。担当者名を誤って書き換えることのないように、編集ロックを設定しましょう。

①「担当者名」テキストボックスを選択します。
②《デザイン》タブを選択します。
③《ツール》グループの (プロパティシート) をクリックします。

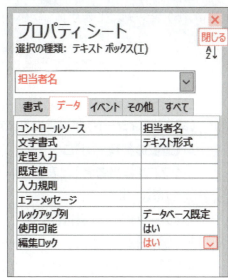

《プロパティシート》が表示されます。
④《選択の種類》のドロップダウンリストボックスに「担当者名」と表示されていることを確認します。
⑤《データ》タブを選択します。
⑥《編集ロック》プロパティをクリックします。
⑦ をクリックし、一覧から《はい》を選択します。

《プロパティシート》を閉じます。
⑧ (閉じる) をクリックします。

フォームビューに切り替えて、プロパティの設定を確認します。
⑨《デザイン》タブを選択します。
※《ホーム》タブでもかまいません。
⑩《表示》グループの (表示) をクリックします。
⑪「担当者名」テキストボックスをクリックします。

カーソルが「担当者名」テキストボックスに移動します。
⑫任意の文字を入力し、修正できないことを確認します。

> **STEP UP** その他の方法（プロパティシートの表示）
>
> ◆デザインビューまたはレイアウトビューで表示→コントロールを右クリック→《プロパティ》
> ◆デザインビューまたはレイアウトビューで表示→コントロールを選択→ F4

3 《使用可能》プロパティ

《使用可能》プロパティは、コントロールにカーソルを移動させるかどうかを指定するプロパティです。

「担当者名」テキストボックスは編集できないので、カーソルが移動しないように設定して、効率よく入力できるようにしましょう。《使用可能》プロパティを《いいえ》に設定しておくと、コントロールにカーソルが移動しなくなります。

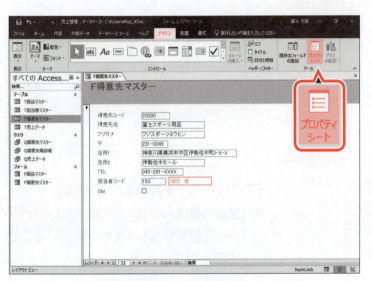

レイアウトビューに切り替えます。
①《ホーム》タブを選択します。
②《表示》グループの（表示）をクリックします。
③「担当者名」テキストボックスを選択します。
④《デザイン》タブを選択します。
⑤《ツール》グループの（プロパティシート）をクリックします。

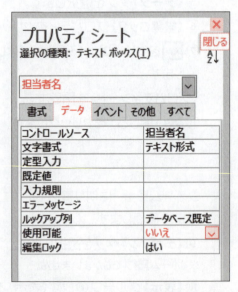

《プロパティシート》が表示されます。
⑥《選択の種類》のドロップダウンリストボックスに「担当者名」と表示されていることを確認します。
⑦《データ》タブを選択します。
⑧《使用可能》プロパティをクリックします。
⑨ をクリックし、一覧から《いいえ》を選択します。

《プロパティシート》を閉じます。
⑩ （閉じる）をクリックします。

フォームビューに切り替えて、プロパティの設定を確認します。

⑪《デザイン》タブを選択します。
※《ホーム》タブでもかまいません。
⑫《表示》グループの ▦ （表示）をクリックします。
⑬「担当者名」テキストボックスをクリックし、カーソルが移動しないことを確認します。
※フォームを上書き保存し、閉じておきましょう。

👆POINT 《使用可能》プロパティと《編集ロック》プロパティ

《使用可能》プロパティと《編集ロック》プロパティの設定結果は、次のとおりです。

		使用可能	
		はい	いいえ
編集ロック	はい	カーソルの移動は可 データの編集は不可	カーソルの移動・データの編集ともに不可
	いいえ	カーソルの移動・データの編集ともに可	カーソルの移動・データの編集ともに不可 ※コントロールの色が薄い灰色に変わります。

※《使用可能》プロパティを《いいえ》に設定すると、《編集ロック》プロパティの設定にかかわらず、編集不可となります。

STEP UP フォームのもとになるクエリの設定

フォームウィザードで指定したクエリは、作成したフォーム上で完全には認識されない場合があります。例えば、クエリ「Q得意先マスター」で得意先コードを基準に昇順で並べ替えていますが、フォームには反映されていません。クエリでの並べ替えを有効にする場合、次の方法で設定しなおしましょう。

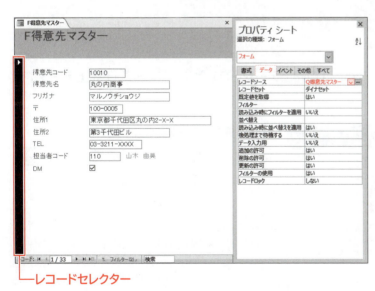
レコードセレクター

①フォームをレイアウトビューで開きます。
②レコードセレクターをクリックします。
③《デザイン》タブを選択します。
④《ツール》グループの ▦ （プロパティシート）をクリックします。
⑤《プロパティシート》の《選択の種類》のドロップダウンリストボックスに「フォーム」と表示されていることを確認します。
⑥《データ》タブを選択します。
⑦《レコードソース》プロパティをクリックします。
⑧ ▽ をクリックし、一覧からもとになるクエリを選択します。

Step 5 売上データの入力画面を作成する

1 作成するフォームの確認

次のようなフォーム「F売上データ」を作成しましょう。

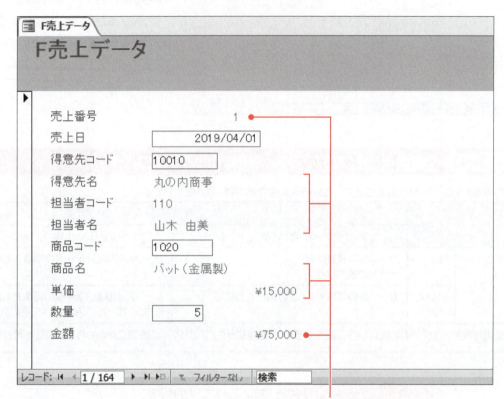

コントロールの書式設定
コントロールのプロパティの設定

2 フォームの作成

フォームウィザードを使って、クエリ「Q売上データ」をもとに、フォーム「F売上データ」を作成しましょう。

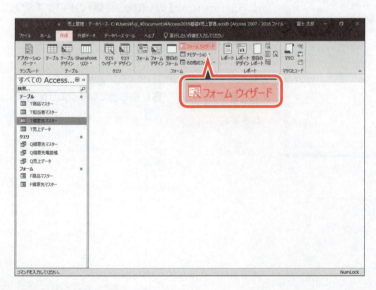

①《作成》タブを選択します。
②《フォーム》グループの (フォームウィザード)をクリックします。

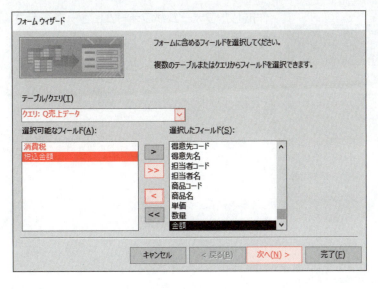

《フォームウィザード》が表示されます。
③《テーブル/クエリ》の⌄をクリックし、一覧から「クエリ:Q売上データ」を選択します。

すべてのフィールドを選択します。
④ >> をクリックします。

「消費税」フィールドの選択を解除します。
⑤《選択したフィールド》の一覧から「消費税」を選択します。
⑥ < をクリックします。

《選択可能なフィールド》に「消費税」が移動します。
⑦同様に、「税込金額」フィールドの選択を解除します。
⑧《次へ》をクリックします。

フォームのレイアウトを指定します。
⑨《単票形式》を◉にします。
⑩《次へ》をクリックします。

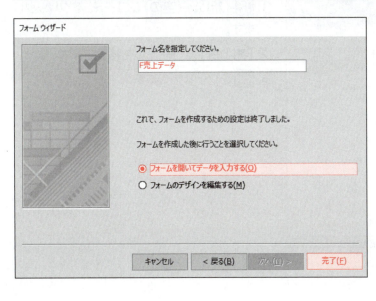

フォーム名を入力します。
⑪《フォーム名を指定してください。》に「F売上データ」と入力します。
⑫《フォームを開いてデータを入力する》を◉にします。
⑬《完了》をクリックします。

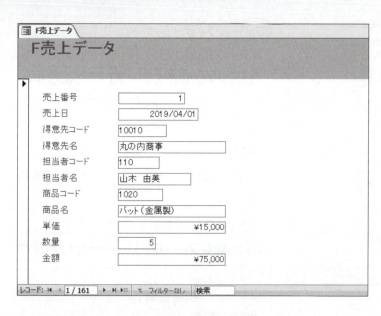

作成したフォームがフォームビューで表示されます。

3 データの入力

作成したフォームに次のデータを入力しましょう。
「**T売上データ**」「**T得意先マスター**」「**T担当者マスター**」「**T商品マスター**」の4つのテーブルにはリレーションシップが作成されているので、「**得意先名**」「**担当者コード**」「**担当者名**」「**商品名**」「**単価**」は自動的に参照されます。
また、「**売上番号**」はオートナンバー型なので連番が自動的に表示され、「**金額**」は演算フィールドなので計算結果が自動的に表示されます。

売上日	得意先コード	得意先名	担当者コード	担当者名	商品コード	商品名	単価	数量	金額
2019/06/28	40020	草場スポーツ	140	吉岡　雄介	5020	ポロシャツ	¥5,500	4	¥22,000

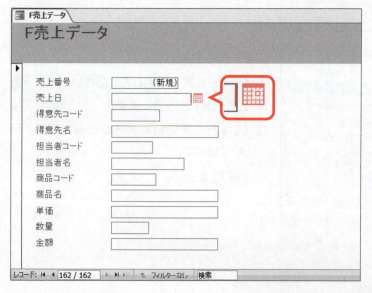

新規レコードの入力画面を表示します。
① ▶*（新しい（空の）レコード）をクリックします。
②「**売上日**」にカーソルを移動します。
③ 🔲 をクリックします。

カレンダーが表示されます。

④ ◀ または ▶ をクリックし、「2019年6月」を表示します。

⑤ 一覧から「28」をクリックします。

※ 🗓 をクリックせずに、テキストボックスに「2019/06/28」と入力してもかまいません。

「売上日」に「2019/06/28」と表示されます。

⑥ Tab または Enter を押します。

「売上番号」テキストボックスに自動的に連番が表示されます。

⑦ 「得意先コード」に「40020」と入力します。

※ 半角で入力します。

⑧ Tab または Enter を押します。

「得意先名」「担当者コード」「担当者名」が自動的に参照されます。

⑨ 「商品コード」に「5020」と入力します。

※ 半角で入力します。

⑩ Tab または Enter を押します。

「商品名」と「単価」が自動的に参照されます。

⑪ 「数量」に「4」と入力します。

⑫ Tab または Enter を押します。

「金額」が自動的に表示されます。

4 コントロールの書式設定

自動的に参照されるテキストボックスの文字列の色を「**薄い灰色4**」に変更しましょう。
また、枠線の色を「**透明**」に変更しましょう。
※設定する項目名が一覧にない場合は、任意の項目を選択してください。

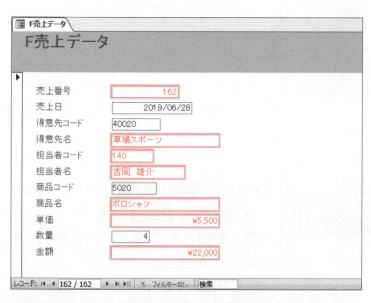

レイアウトビューに切り替えます。
①《ホーム》タブを選択します。
②《表示》グループの （表示）をクリックします。
※リボンに《デザイン》タブ・《配置》タブ・《書式》タブが追加され、自動的に《デザイン》タブに切り替わります。
※《フィールドリスト》が表示された場合は、 （閉じる）をクリックして閉じておきましょう。

設定するテキストボックスをすべて選択します。
③「**売上番号**」テキストボックスを選択します。
④ Shift を押しながら、「**得意先名**」「**担当者コード**」「**担当者名**」「**商品名**」「**単価**」「**金額**」の各テキストボックスを選択します。

⑤《書式》タブを選択します。
⑥《フォント》グループの （フォントの色）の をクリックします。
⑦《標準の色》の《薄い灰色4》をクリックします。

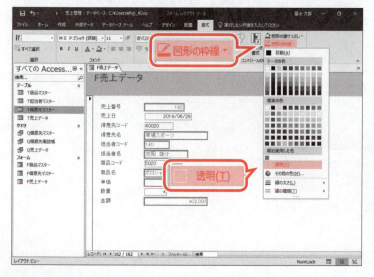

文字列の色が変更されます。
⑧《コントロールの書式設定》グループの （図形の枠線）をクリックします。
⑨《透明》をクリックします。

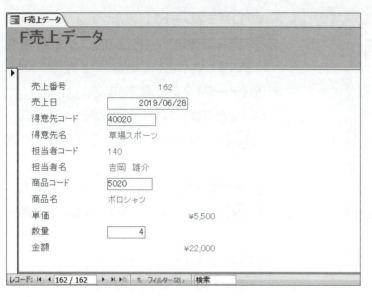

枠線の色が透明になります。
※任意の場所をクリックし、選択を解除しておきましょう。

5 コントロールのプロパティの設定

次のテキストボックスのデータを更新できないように設定しましょう。
また、カーソルが移動しないようにします。

売上番号	商品名
得意先名	単価
担当者コード	金額
担当者名	

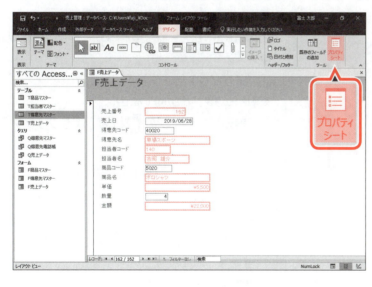

設定するテキストボックスをすべて選択します。
①「売上番号」テキストボックスを選択します。
②[Shift]を押しながら、「得意先名」「担当者コード」「担当者名」「商品名」「単価」「金額」の各テキストボックスを選択します。
③《デザイン》タブを選択します。
④《ツール》グループの (プロパティシート)をクリックします。

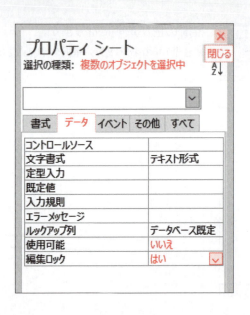

《プロパティシート》が表示されます。

⑤《選択の種類》に《複数のオブジェクトを選択中》と表示されていることを確認します。
⑥《データ》タブを選択します。
⑦《使用可能》プロパティをクリックします。
⑧ ▽ をクリックし、一覧から《いいえ》を選択します。
⑨《編集ロック》プロパティをクリックします。
⑩ ▽ をクリックし、一覧から《はい》を選択します。

《プロパティシート》を閉じます。

⑪ ✕ （閉じる）をクリックします。

6 データの入力

データを入力し、フォームの動作を確認しましょう。

1 データの入力

次のデータを入力しましょう。

売上日	得意先コード	得意先名	担当者コード	担当者名	商品コード	商品名	単価	数量	金額
2019/06/28	10180	いろは通信販売	130	安藤　百合子	1030	野球グローブ	¥19,800	10	¥198,000

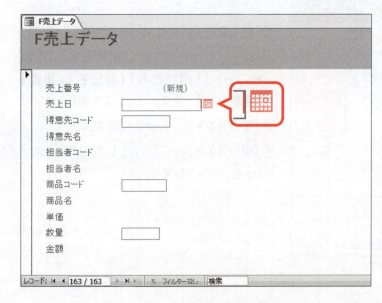

フォームビューに切り替えて、データを入力します。

①《デザイン》タブを選択します。
※《ホーム》タブでもかまいません。
②《表示》グループの 📄 （表示）をクリックします。

新規レコードの入力画面を表示します。

③ ▶* （新しい（空の）レコード）をクリックします。
④「売上日」にカーソルがあることを確認します。
⑤ 📅 をクリックします。

カレンダーが表示されます。

⑥ ◀ または ▶ をクリックし、「2019年6月」を表示します。

⑦一覧から「28」をクリックします。

※ 🗓 をクリックせずに、テキストボックスに「2019/06/28」と入力してもかまいません。

「売上日」に「2019/06/28」と表示されます。

⑧ Tab または Enter を押します。

「売上番号」テキストボックスに自動的に連番が表示されます。

⑨「得意先コード」に「10180」と入力します。

※半角で入力します。

⑩ Tab または Enter を押します。

「得意先名」「担当者コード」「担当者名」が自動的に参照されます。

⑪「商品コード」に「1030」と入力します。

※半角で入力します。

⑫ Tab または Enter を押します。

「商品名」と「単価」が自動的に参照されます。

⑬「数量」に「10」と入力します。

⑭ Tab または Enter を押します。

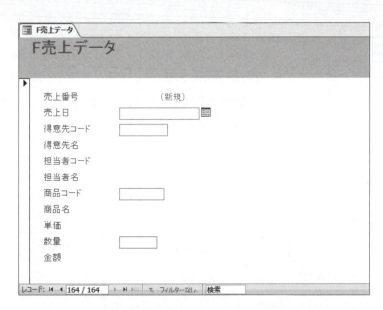

次のレコードの入力画面が表示されます。

2 プロパティの変更と確認

現在のフォームでは、「**数量**」を入力して Tab または Enter を押すと、押した時点で次のレコードの入力画面が表示されてしまいます。「**金額**」の値を確認するには、◀ (前のレコード) をクリックしなければなりません。

「**金額**」テキストボックスにカーソルが移動し、次のレコードの入力画面が表示される前に「**金額**」の値が確認できるように、《**使用可能**》プロパティを《**はい**》に変更しましょう。《**使用可能**》プロパティを《**はい**》に変更しても、《**編集ロック**》プロパティを《**はい**》に設定しているので、データを誤って書き換えることはありません。

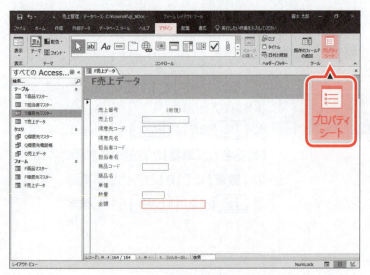

レイアウトビューに切り替えます。

① 《**ホーム**》タブを選択します。

② 《**表示**》グループの ▦ (表示) をクリックします。

③ 「**金額**」テキストボックスを選択します。

④ 《**デザイン**》タブを選択します。

⑤ 《**ツール**》グループの ▦ (プロパティシート) をクリックします。

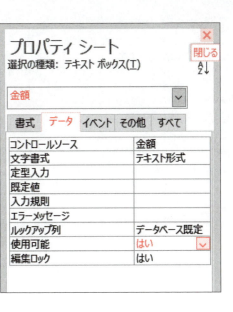

《プロパティシート》が表示されます。

⑥《選択の種類》のドロップダウンリストボックスに「金額」と表示されていることを確認します。

⑦《データ》タブを選択します。

⑧《使用可能》プロパティをクリックします。

⑨ ▽ をクリックし、一覧から《はい》を選択します。

《プロパティシート》を閉じます。

⑩ ✕ （閉じる）をクリックします。

フォームビューに切り替えて、次のデータを入力します。

売上日	得意先コード	得意先名	担当者コード	担当者名	商品コード	商品名	単価	数量	金額
2019/06/28	30020	テニスショップ富士	120	佐伯　浩太	3010	スキー板	¥55,000	2	¥110,000

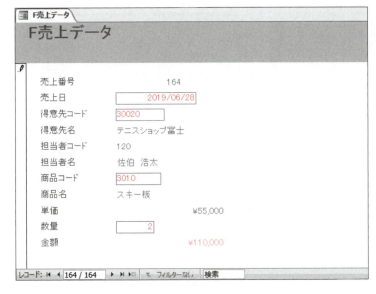

⑪《デザイン》タブを選択します。
※《ホーム》タブでもかまいません。

⑫《表示》グループの 📄 （表示）をクリックします。

⑬新規レコードの入力画面が表示されていることを確認します。
※表示されていない場合は、▶* （新しい（空の）レコード）をクリックします。

⑭「売上日」「得意先コード」「商品コード」を入力します。
※半角で入力します。

⑮「数量」に「2」と入力します。

⑯ Tab または Enter を押します。

「金額」テキストボックスにカーソルが移動し、「金額」の値が表示されます。
※フォームを上書き保存し、閉じておきましょう。

STEP UP 便利なプロパティ

よく使う便利なプロパティには、次のようなものがあります。

●《書式》プロパティ

データを表示する書式を設定します。
《日付(L)》を設定すると、「〇〇〇〇年〇月〇日」で表示されます。

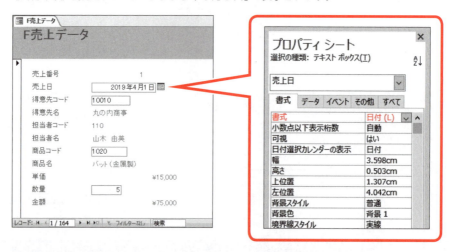

●《既定値》プロパティ

自動的にコントロールに入力される値を指定します。
「Date()」を設定するとパソコンの本日の日付が自動的に入力されます。

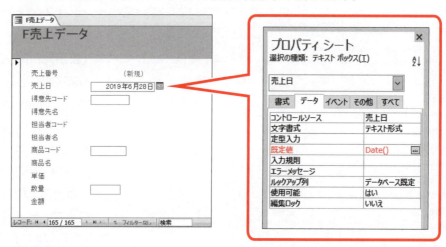

●《タブストップ》プロパティ

Tab または Enter を使ってコントロールにカーソルを移動させるかどうかを指定します。
《いいえ》を設定すると、Tab または Enter では「売上日」テキストボックスにカーソルが移動しません。売上日を入力する場合は、クリックしてカーソルを移動させます。

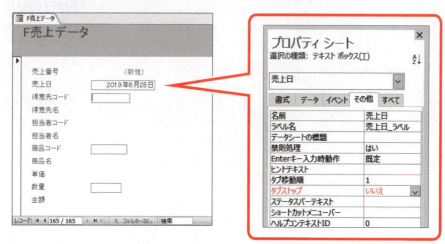

Step 6 担当者マスターの入力画面を作成する

1 作成するフォームの確認

次のようなフォーム「F担当者マスター」を作成しましょう。

担当者コード	担当者名
110	山木 由美
120	佐伯 浩太
130	安藤 百合子
140	吉岡 雄介
150	福田 進

2 フォームの作成

《複数のアイテム》を使って、テーブル「T担当者マスター」をもとに、複数のレコードが一覧で表示されるフォーム「F担当者マスター」を作成しましょう。

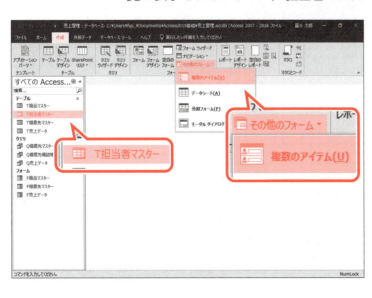

①ナビゲーションウィンドウのテーブル「T担当者マスター」を選択します。
②《作成》タブを選択します。
③《フォーム》グループの （その他のフォーム）をクリックします。
④《複数のアイテム》をクリックします。

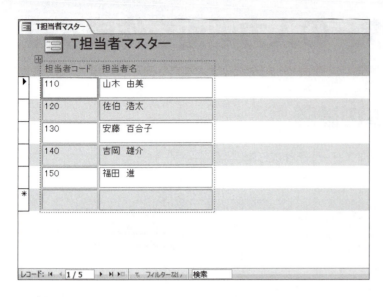

フォームが自動的に作成され、レイアウトビューで表示されます。

3 タイトルの変更

《複数のアイテム》を使ってフォームを作成すると、タイトルとして、もとになるテーブル名が自動的に配置されます。
タイトルを「T担当者マスター」から「F担当者マスター」に変更しましょう。

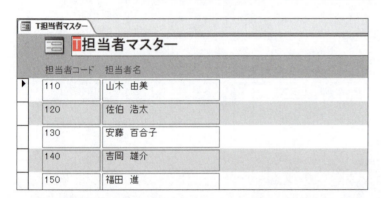

①「T担当者マスター」ラベルを2回クリックします。
②「T」をドラッグします。

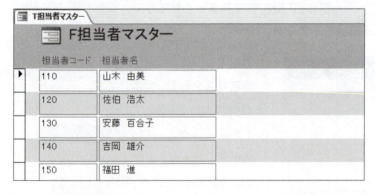

③「F」と入力します。
※半角で入力します。
タイトルが変更されます。
※任意の場所をクリックし、選択を解除しておきましょう。
※フォームビューに切り替えて、結果を確認しましょう。

作成したフォームを保存します。
④ F12 を押します。
《名前を付けて保存》ダイアログボックスが表示されます。
⑤《'T担当者マスター'の保存先》に「F担当者マスター」と入力します。
⑥《OK》をクリックします。
※フォームを閉じておきましょう。

第7章

クエリによる
データの抽出と集計

Check	この章で学ぶこと	157
Step1	条件に合致する得意先を抽出する	158
Step2	条件に合致する売上データを抽出する	168
Step3	売上データを集計する	174

第7章 この章で学ぶこと

学習前に習得すべきポイントを理解しておき、
学習後には確実に習得できたかどうかを振り返りましょう。

1	クエリに単一条件を設定できる。	➡ P.158
2	クエリに二者択一の条件を設定できる。	➡ P.159
3	クエリにAND条件を設定できる。	➡ P.161
4	クエリにOR条件を設定できる。	➡ P.162
5	クエリにワイルドカードを使った条件を設定できる。	➡ P.164
6	パラメータークエリを作成できる。	➡ P.166
7	クエリに比較演算子を使った条件を設定できる。	➡ P.168
8	クエリにBetween And 演算子を使った条件を設定できる。	➡ P.170
9	Between And 演算子を使ったパラメータークエリを作成できる。	➡ P.172
10	フィールドごとにグループ化して集計できる。	➡ P.174
11	Where条件を設定して、条件に合致するデータだけを集計できる。	➡ P.177
12	Where条件を使ったパラメータークエリを作成できる。	➡ P.178

Step 1 条件に合致する得意先を抽出する

1 レコードの抽出

様々な条件を設定して、必要なレコードを抽出できます。
クエリのデザインビューの《**抽出条件**》セルに条件を入力し、クエリを実行することによって、レコードを抽出できます。

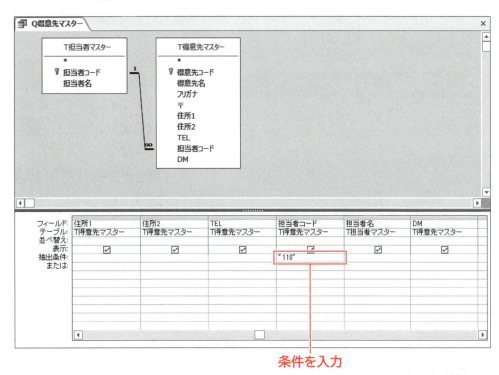

条件を入力

2 単一条件の設定

クエリ「**Q得意先マスター**」を編集して、「**担当者コード**」が「**110**」の得意先のレコードを抽出しましょう。

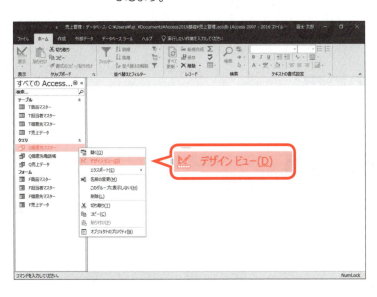

クエリ「**Q得意先マスター**」をデザインビューで開きます。
①ナビゲーションウィンドウのクエリ「**Q得意先マスター**」を右クリックします。
②《**デザインビュー**》をクリックします。

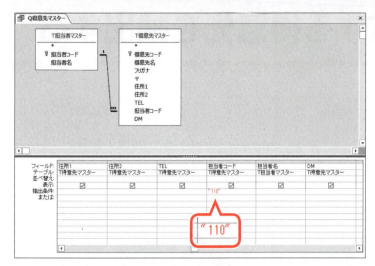

条件を設定します。

③「担当者コード」フィールドの《抽出条件》セルに「"110"」と入力します。
※半角で入力します。入力の際、「"」は省略できます。

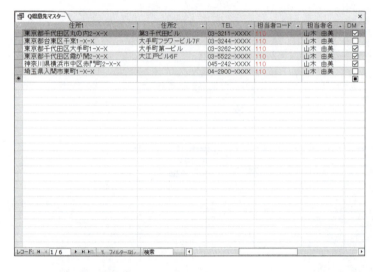

クエリを実行して、結果を確認します。
④《デザイン》タブを選択します。
⑤《結果》グループの（表示）をクリックします。

「担当者コード」が「110」のレコードが抽出されます。

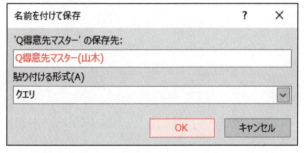

編集したクエリを保存します。
⑥ F12 を押します。
《名前を付けて保存》ダイアログボックスが表示されます。
⑦《'Q得意先マスター'の保存先》に「Q得意先マスター(山木)」と入力します。
⑧《OK》をクリックします。
※クエリを閉じておきましょう。

3 二者択一の条件の設定

クエリ「Q得意先マスター」を編集して、「DM」が☑の得意先のレコードを抽出しましょう。

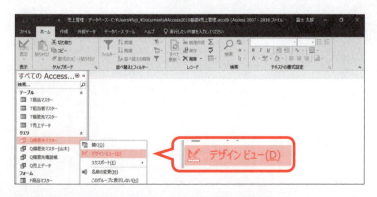

クエリ「Q得意先マスター」をデザインビューで開きます。
①ナビゲーションウィンドウのクエリ「Q得意先マスター」を右クリックします。
②《デザインビュー》をクリックします。

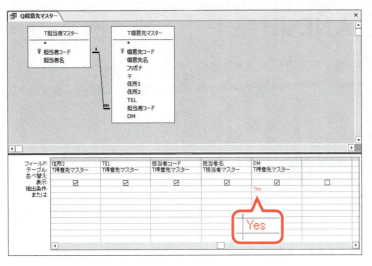

条件を設定します。

③「DM」フィールドの《抽出条件》セルに「Yes」と入力します。
※半角で入力します。

> **POINT** Yes/No型フィールドの条件設定
>
> Yes/No型フィールドの条件は、《抽出条件》セルに次のように設定します。
>
> | ☑の抽出 | 「Yes」または「True」「On」「-1」と入力します。 |
> |---|---|
> | ☐の抽出 | 「No」または「False」「Off」「0」と入力します。 |

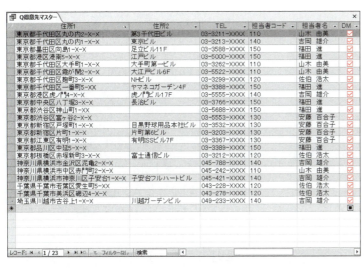

クエリを実行して、結果を確認します。

④《デザイン》タブを選択します。

⑤《結果》グループの(表示)をクリックします。

「DM」が☑のレコードが抽出されます。

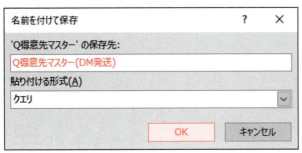

編集したクエリを保存します。

⑥ F12 を押します。

《名前を付けて保存》ダイアログボックスが表示されます。

⑦《'Q得意先マスター'の保存先》に「Q得意先マスター(DM発送)」と入力します。

⑧《OK》をクリックします。
※クエリを閉じておきましょう。

4 複合条件の設定（AND条件）

条件をすべて満たすレコードを抽出する場合、「AND条件」を設定します。
クエリ「Q得意先マスター」を編集して、「担当者コード」が「110」かつ「DM」が☑という AND条件を設定しましょう。
AND条件を設定するには、同じ行に条件を入力します。

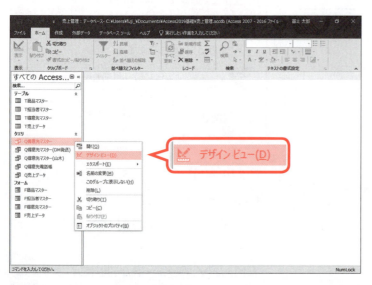

クエリ「Q得意先マスター」をデザインビューで開きます。
①ナビゲーションウィンドウのクエリ「Q得意先マスター」を右クリックします。
②《デザインビュー》をクリックします。

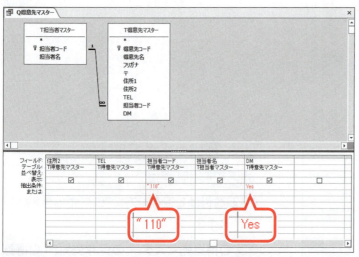

2つの条件を同じ行に設定します。
③「担当者コード」フィールドの《抽出条件》セルに「"110"」と入力します。
※半角で入力します。入力の際、「"」は省略できます。
④「DM」フィールドの《抽出条件》セルに「Yes」と入力します。
※半角で入力します。

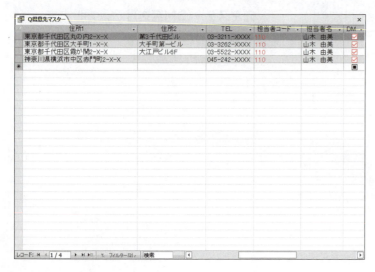

クエリを実行して、結果を確認します。
⑤《デザイン》タブを選択します。
⑥《結果》グループの（表示）をクリックします。

「担当者コード」が「110」かつ「DM」が☑のレコードが抽出されます。

編集したクエリを保存します。

⑦ F12 を押します。

《名前を付けて保存》ダイアログボックスが表示されます。

⑧《'Q得意先マスター'の保存先》に「Q得意先マスター(山木かつDM発送)」と入力します。

⑨《OK》をクリックします。

※クエリを閉じておきましょう。

5 複合条件の設定(OR条件)

どれかひとつの条件を満たすレコードを抽出する場合、「OR条件」を設定します。

クエリ「Q得意先マスター」を編集して、「担当者コード」が「110」または「140」というOR条件を設定しましょう。

OR条件を設定するには、異なる行に条件を入力します。

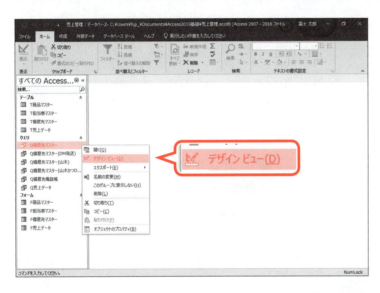

クエリ「Q得意先マスター」をデザインビューで開きます。

①ナビゲーションウィンドウのクエリ「Q得意先マスター」を右クリックします。

②《デザインビュー》をクリックします。

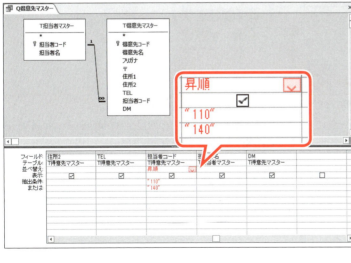

2つの条件を異なる行に設定します。

③「担当者コード」フィールドの《抽出条件》セルに「"110"」と入力します。

※半角で入力します。入力の際、「"」は省略できます。

④《または》セルに「"140"」と入力します。

※半角で入力します。入力の際、「"」は省略できます。

抽出結果を見やすくするために「担当者コード」を基準に昇順に並べ替えます。

⑤「担当者コード」フィールドの《並べ替え》セルをクリックします。

⑥ ▼ をクリックし、一覧から《昇順》を選択します。

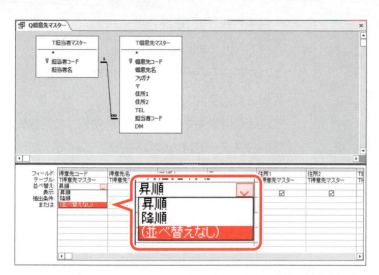

前回の並べ替えを解除します。

⑦「**得意先コード**」フィールドの《**並べ替え**》セルをクリックします。

⑧ ▼ をクリックし、一覧から《**(並べ替えなし)**》を選択します。

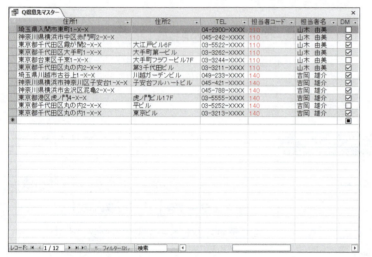

クエリを実行して、結果を確認します。

⑨《**デザイン**》タブを選択します。

⑩《**結果**》グループの ▦（表示）をクリックします。

「**担当者コード**」が「**110**」または「**140**」のレコードが抽出されます。

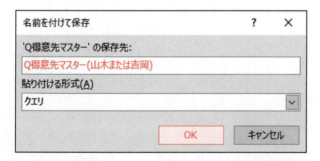

編集したクエリを保存します。

⑪ [F12] を押します。

《**名前を付けて保存**》ダイアログボックスが表示されます。

⑫《**'Q得意先マスター'の保存先**》に「**Q得意先マスター(山木または吉岡)**」と入力します。

⑬《**OK**》をクリックします。

※クエリを閉じておきましょう。

AND条件とOR条件の組み合わせ

AND条件とOR条件を組み合わせることで、より複雑な条件を設定できます。
例えば、クエリ「Q売上データ」の「担当者コードが110または120の担当者が販売した、商品コードが1020の商品」のレコードを抽出する場合、次のように条件を設定します。

6 ワイルドカードの利用

曖昧な条件でレコードを抽出しましょう。

1 ワイルドカード

文字列の一部を指定してデータを抽出する場合、「**ワイルドカード**」を使って条件を設定します。最もよく使われるワイルドカード「**＊**」は、任意の文字列を表します。
例えば「**東京都＊**」は、「**東京都で始まる**」という意味です。

```
                   東京都渋谷区・・・
東京都＊  ➡  東京都港区・・・
                   東京都千代田区・・・
```

2 ワイルドカードの利用

クエリ「**Q得意先マスター**」を編集して、「**住所1**」が「**東京都**」で始まるレコードを抽出しましょう。

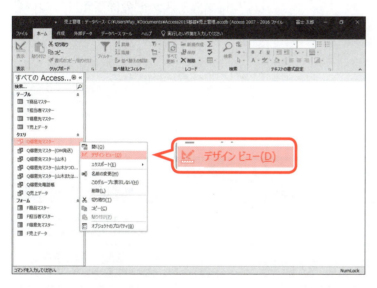

クエリ「**Q得意先マスター**」をデザインビューで開きます。

①ナビゲーションウィンドウのクエリ「**Q得意先マスター**」を右クリックします。
②《**デザインビュー**》をクリックします。

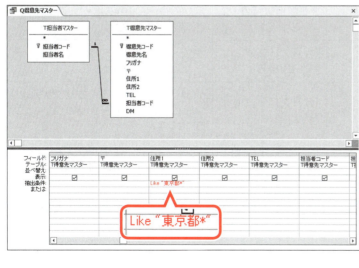

条件を設定します。

③「**住所1**」フィールドの《**抽出条件**》セルに「**Like␣"東京都＊"**」と入力します。

※英字と記号は半角で入力します。入力の際、「Like」と「"」は省略できます。
※␣は半角空白を表します。

クエリを実行して、結果を確認します。

④《デザイン》タブを選択します。

⑤《結果》グループの　（表示）をクリックします。

「住所1」が「東京都」で始まるレコードが抽出されます。

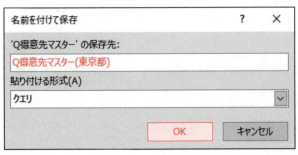

編集したクエリを保存します。

⑥ F12 を押します。

《名前を付けて保存》ダイアログボックスが表示されます。

⑦《'Q得意先マスター'の保存先》に「Q得意先マスター(東京都)」と入力します。

⑧《OK》をクリックします。

※クエリを閉じておきましょう。

STEP UP ワイルドカードの種類と利用例

ワイルドカードには、次のようなものがあります。

種類	意味	利用例		
		条件	説明	抽出結果
*	任意の文字列	Like "富士*"	「富士」で始まる	富士光スポーツ、富士山物産、富士スポーツ用品、富士販売センターなど
		Like "*富士*"	「富士」を含む	富士光スポーツ、富士山物産、東京富士販売、テニスショップ富士など
?	任意の1文字	Like "??スポーツ"	3文字目以降が「スポーツ」	足立スポーツ、山猫スポーツ、西郷スポーツ、草場スポーツなど
[ ]	角カッコ内に指定した1文字	Like "[サステ]*"	「サ」「ス」「テ」のいずれかで始まる	サクラテニス、スポーツスクエアトリイ、テニスショップフジなど
[!]	角カッコ内に指定した1文字以外の任意の1文字	Like "[!サステ]*"	「サ」「ス」「テ」で始まらない	イロハツウシンハンバイ、フジツウシンハンバイ、フジミツスポーツ、メグロヤキュウヨウヒンなど
[-]	角カッコ内に指定した範囲の1文字	Like "[ア-オ]*"	「ア」から「オ」で始まる	アダチスポーツ、イロハツウシンハンバイ、ウミヤマショウジ、オオエドハンバイなど

※英字と記号は半角で入力します。

7　パラメータークエリの作成

クエリを実行するたびに、条件を変えてレコードを抽出しましょう。

1 パラメータークエリ

クエリを実行するたびに《**パラメーターの入力**》ダイアログボックスを表示させ、特定のフィールドに対する条件を指定できます。このクエリを「**パラメータークエリ**」といいます。
パラメータークエリをひとつ作成すると、毎回違う条件でレコードを抽出できます。
パラメータークエリを作成するには、《**抽出条件**》セルに次のように入力します。

```
    ❶
[ 担当者コードを入力 ]
          ❷
```

❶[ ]（角カッコ）※省略できません。
❷《パラメーターの入力》ダイアログボックスに表示されるメッセージ

2 パラメータークエリの作成

クエリ「**Q得意先マスター**」を編集し、クエリを実行するたびに「**担当者コード**」を指定して、レコードを抽出できるパラメータークエリを作成しましょう。

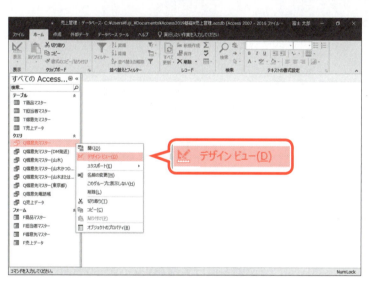

クエリ「**Q得意先マスター**」をデザインビューで開きます。
①ナビゲーションウィンドウのクエリ「**Q得意先マスター**」を右クリックします。
②《**デザインビュー**》をクリックします。

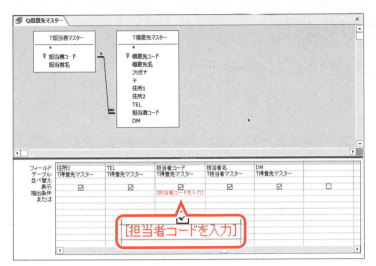

③「担当者コード」フィールドの《抽出条件》セルに次のように入力します。

[担当者コードを入力]

※[ ]は半角で入力します。

クエリを実行して、結果を確認します。

④《デザイン》タブを選択します。

⑤《結果》グループの ▦ (表示) をクリックします。

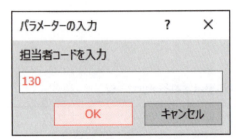

《パラメーターの入力》ダイアログボックスが表示されます。

⑥「担当者コードを入力」に「130」と入力します。

⑦《OK》をクリックします。

《パラメーターの入力》ダイアログボックスで指定した担当者のレコードが抽出されます。

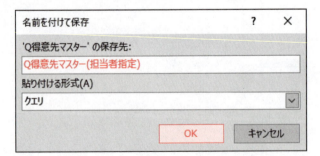

編集したクエリを保存します。

⑧ F12 を押します。

《名前を付けて保存》ダイアログボックスが表示されます。

⑨《'Q得意先マスター'の保存先》に「Q得意先マスター(担当者指定)」と入力します。

⑩《OK》をクリックします。

※クエリを閉じておきましょう。
※クエリ「Q得意先マスター(担当者指定)」を実行して、条件を変えてレコードが抽出できることを確認しておきましょう。

Step 2 条件に合致する売上データを抽出する

1 比較演算子の利用

「〜以上」「〜より小さい」などのように、範囲のあるレコードを抽出する場合、「**比較演算子**」を使って条件を設定します。

クエリ「**Q売上データ**」を編集して、「**金額**」が「**100万円以上**」のレコードを抽出しましょう。

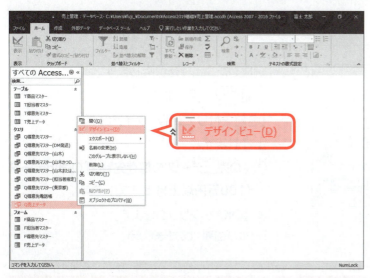

クエリ「**Q売上データ**」をデザインビューで開きます。

①ナビゲーションウィンドウのクエリ「**Q売上データ**」を右クリックします。

②《**デザインビュー**》をクリックします。

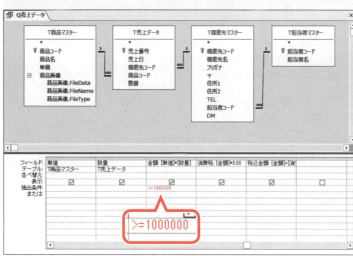

条件を設定します。

③「**金額**」フィールドの《**抽出条件**》セルに「**>=1000000**」と入力します。

※半角で入力します。

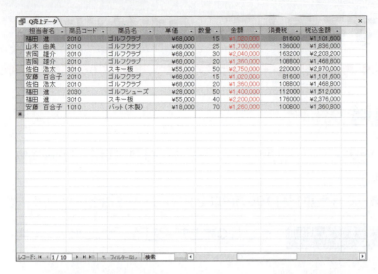

クエリを実行して、結果を確認します。

④《デザイン》タブを選択します。

⑤《結果》グループの ▦ (表示) をクリックします。

「金額」が「100万円以上」のレコードが抽出されます。

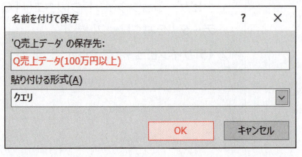

編集したクエリを保存します。

⑥ F12 を押します。

《名前を付けて保存》ダイアログボックスが表示されます。

⑦《'Q売上データ'の保存先》に「Q売上データ(100万円以上)」と入力します。

⑧《OK》をクリックします。

※クエリを閉じておきましょう。

POINT 比較演算子の種類と意味

比較演算子には、次のようなものがあります。

比較演算子	意味
=	等しい
<>	等しくない
>	～より大きい
<	～より小さい
>=	～以上
<=	～以下

2 Between And 演算子の利用

「～以上～以下」または「～から～まで」のように範囲に上限と下限があるレコードを抽出する場合、「**Between And 演算子**」を使って条件を設定します。
Between And 演算子を設定するには、《**抽出条件**》セルに次のように入力します。

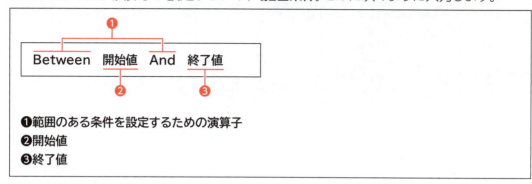

❶範囲のある条件を設定するための演算子
❷開始値
❸終了値

クエリ「**Q売上データ**」を編集して、「売上日」が「2019/05/01から2019/05/31まで」のレコードを抽出しましょう。

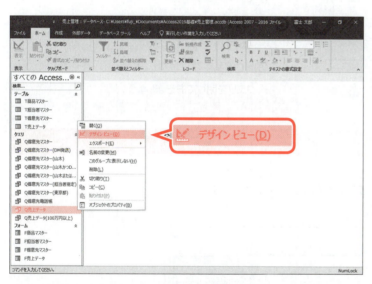

クエリ「**Q売上データ**」をデザインビューで開きます。
①ナビゲーションウィンドウのクエリ「**Q売上データ**」を右クリックします。
②《**デザインビュー**》をクリックします。

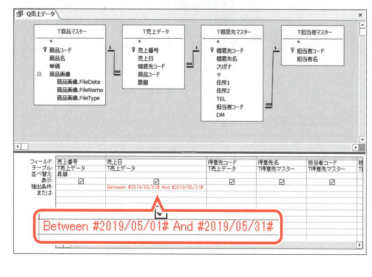

条件を設定します。
③「**売上日**」フィールドの《**抽出条件**》セルに次のように入力します。

Between␣#2019/05/01#␣And␣#2019/05/31#

※半角で入力します。入力の際、「#」は省略できます。
※␣は半角空白を表します。
※列幅を調整して、条件を確認しましょう。
クエリを実行して、結果を確認します。
④《**デザイン**》タブを選択します。
⑤《**結果**》グループの ■ (表示) をクリックします。

「売上日」が「2019/05/01から2019/05/31まで」のレコードが抽出されます。

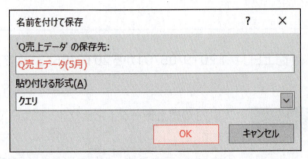

編集したクエリを保存します。

⑥ F12 を押します。

《名前を付けて保存》ダイアログボックスが表示されます。

⑦《'Q売上データ'の保存先》に「Q売上データ(5月)」と入力します。

⑧《OK》をクリックします。

※クエリを閉じておきましょう。

POINT ズーム表示

セルに入力するデータが長い場合、セルをズーム表示できます。
デザイングリッドのセルをズーム表示する方法は、次のとおりです。

◆セルを選択→ Shift + F2

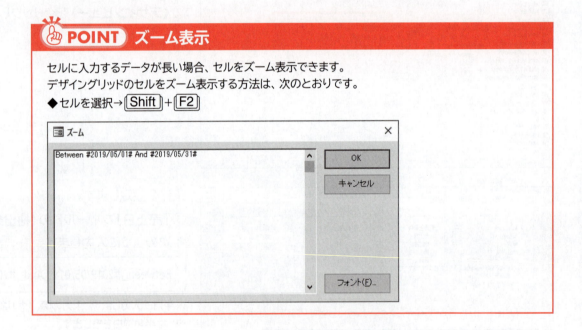

STEP UP 演算子の種類と利用例

演算子には、次のようなものがあります。

種類	意味	利用例 条件	利用例 抽出結果
Between And	指定した範囲内の値	Between #2019/05/01# And #2019/05/31#	2019/05/01～2019/05/31
In	指定したリスト内の値と等しい	In("スキー板","ゴルフボール","トレーナー")	スキー板、ゴルフボール、トレーナー
Not	指定した値を除く	Not "ゴルフクラブ"	ゴルフクラブ以外
And	指定した値かつ指定した値	Like "*東京*" And Like "*販売*"	東京富士販売
Or	指定した値または指定した値	Like "*東京*" Or Like "*販売*"	東京富士販売、富士販売センター、いろは通信販売、日高販売店など

※英字と記号は半角で入力します。入力の際、「#」と「"」と「Like」は省略できます。

3 Between And 演算子を利用したパラメータークエリの作成

クエリ「Q売上データ(5月)」を編集して、クエリを実行するたびに「売上日」の期間を指定してレコードを抽出できるように、パラメータークエリを作成しましょう。

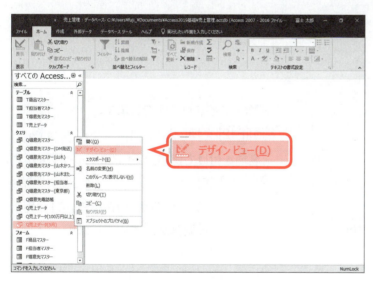

クエリ「Q売上データ(5月)」をデザインビューで開きます。

①ナビゲーションウィンドウのクエリ「Q売上データ(5月)」を右クリックします。
②《デザインビュー》をクリックします。

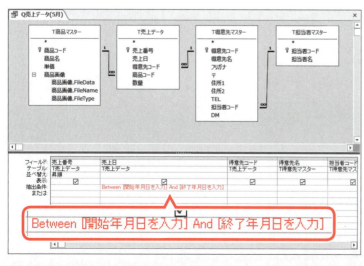

③「売上日」フィールドの《抽出条件》セルを次のように修正します。

Between␣[開始年月日を入力]␣And␣[終了年月日を入力]

※英字と記号は半角で入力します。
※␣は半角空白を表します。
※列幅を調整して、条件を確認しましょう。

クエリを実行して、結果を確認します。

④《デザイン》タブを選択します。
⑤《結果》グループの ▦ (表示)をクリックします。

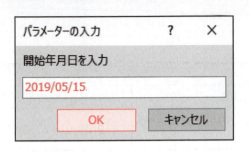

《パラメーターの入力》ダイアログボックスが表示されます。

⑥「開始年月日を入力」に「2019/05/15」と入力します。

⑦《OK》をクリックします。

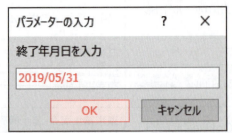

《パラメーターの入力》ダイアログボックスが表示されます。

⑧「終了年月日を入力」に「2019/05/31」と入力します。

⑨《OK》をクリックします。

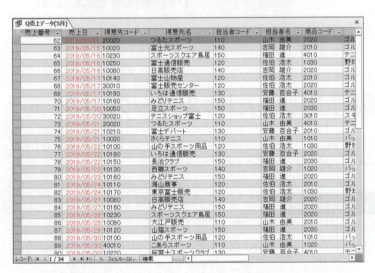

《パラメーターの入力》ダイアログボックスで指定した期間のレコードが抽出されます。

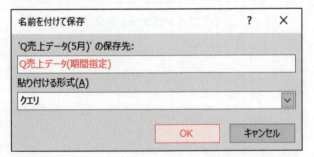

編集したクエリを保存します。

⑩ F12 を押します。

《名前を付けて保存》ダイアログボックスが表示されます。

⑪《'Q売上データ(5月)'の保存先》に「Q売上データ(期間指定)」と入力します。

⑫《OK》をクリックします。

※クエリを閉じておきましょう。

Step3 売上データを集計する

1 売上データの集計

クエリを作成して、売上金額を「**商品コード**」ごとにグループ化して集計しましょう。

1 クエリの作成

クエリ「**Q売上データ**」をもとに、売上金額を「**商品コード**」ごとにグループ化して集計するクエリを作成しましょう。

① 《**作成**》タブを選択します。
② 《**クエリ**》グループの (クエリデザイン) をクリックします。

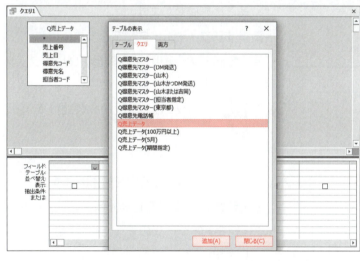

クエリウィンドウと《**テーブルの表示**》ダイアログボックスが表示されます。
③ 《**クエリ**》タブを選択します。
④ 一覧から「**Q売上データ**」を選択します。
⑤ 《**追加**》をクリックします。
《**テーブルの表示**》ダイアログボックスを閉じます。
⑥ 《**閉じる**》をクリックします。

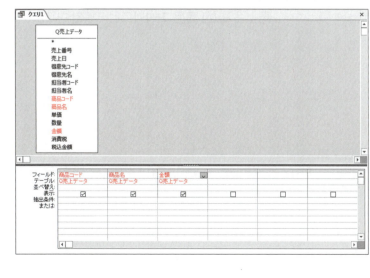

クエリウィンドウにクエリのフィールドリストが表示されます。
※図のように、フィールドリストのサイズを調整しておきましょう。
⑦ 次の順番でフィールドをデザイングリッドに登録します。

クエリ	フィールド
Q売上データ	商品コード
〃	商品名
〃	金額

2 集計行の設定

「商品コード」ごとに集計しましょう。

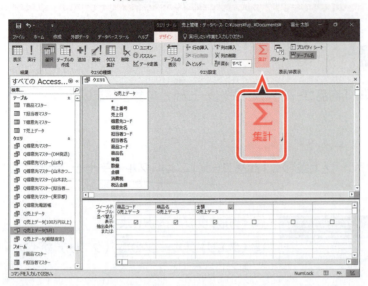

①《デザイン》タブを選択します。
②《表示/非表示》グループの ∑ (クエリ結果で列の集計を表示/非表示にする)をクリックします。

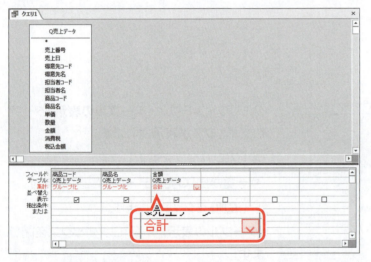

デザイングリッドに集計行が追加されます。
グループ化するフィールドを設定します。
③「商品コード」と「商品名」の各フィールドの《集計》セルが《グループ化》になっていることを確認します。
集計するフィールドを設定します。
④「金額」フィールドの《集計》セルをクリックします。
⑤ ▽ をクリックし、一覧から《合計》を選択します。

クエリを実行して、結果を確認します。
⑥《デザイン》タブを選択します。
⑦《結果》グループの ▦ (表示)をクリックします。
売上金額が「商品コード」ごとに集計されます。

作成したクエリを保存します。

⑧を押します。

《名前を付けて保存》ダイアログボックスが表示されます。

⑨《'クエリ1'の保存先》に「Q商品別売上集計」と入力します。

⑩《OK》をクリックします。

STEP UP その他の方法（集計行の追加）

◆デザイングリッドのセルを右クリック→《集計》

STEP UP 集計行の集計方法

クエリに集計行を追加することにより、フィールドのデータごとに合計や平均などを求めることができます。例えば、売上金額を担当者ごとに集計したり、売上数量を商品ごとに集計したりできます。

各フィールドを集計するには、ドロップダウンリストボックスから集計方法を選択します。

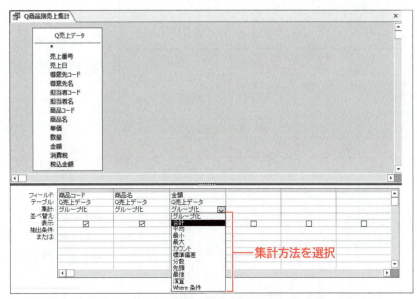

集計方法を選択

集計方法	説明
グループ化	フィールドをグループ化する
合計	フィールドの値を合計する
平均	フィールドの値を平均する
最小	フィールドの最小値を求める
最大	フィールドの最大値を求める
カウント	フィールドの値の数を求める
標準偏差	フィールドの値の標準偏差を求める
分散	フィールドの値の分散を求める
先頭	フィールドの値の先頭を求める
最後	フィールドの値の最後を求める
演算	フィールドの値で演算する
Where条件	フィールドに条件を入力する

2 Where条件の設定

売上データを絞り込んで集計する場合、「Where条件」を設定します。
Where条件を設定することにより、条件に合致する売上データだけが集計の対象になります。
「Q商品別売上集計」を編集し、「売上日」が「2019/05/01から2019/05/31まで」の売上金額を「商品コード」ごとに集計して、どの商品がよく売れているかを分析しましょう。
ここでは、売上日で期間を指定して売上データを絞り込むため、「売上日」フィールドを追加してWhere条件を設定します。

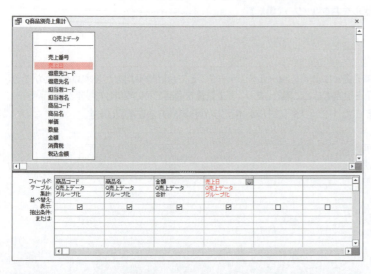

デザインビューに切り替えます。
①《ホーム》タブを選択します。
②《表示》グループの をクリックします。
条件を設定するフィールドを追加します。
③フィールドリストの「売上日」をダブルクリックします。
「売上日」がデザイングリッドに登録されます。

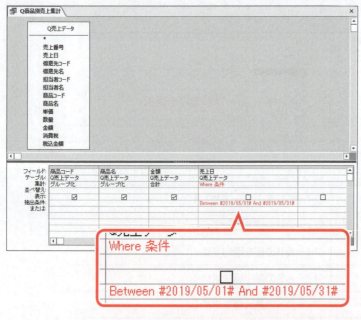

④「売上日」フィールドの《集計》セルをクリックします。
⑤ ![] をクリックし、一覧から《Where条件》を選択します。
⑥「売上日」フィールドの《抽出条件》セルに次のように入力します。

| Between␣#2019/05/01#␣And␣#2019/05/31# |

※半角で入力します。入力の際、「#」は省略できます。
※␣は半角空白を表します。
※列幅を調整して、条件を確認しましょう。

👆POINT Where条件を設定したフィールド

Where条件を設定したフィールドの《表示》セルは自動的に☐になり、データシートに表示されません。

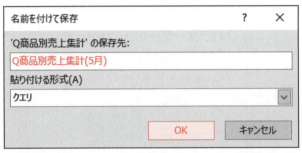

クエリを実行して、結果を確認します。
⑦《デザイン》タブを選択します。
⑧《結果》グループの ▦ (表示) をクリックします。

「売上日」が「2019/05/01から2019/05/31まで」の売上金額が「商品コード」ごとに集計されます。

編集したクエリを保存します。
⑨ F12 を押します。

《名前を付けて保存》ダイアログボックスが表示されます。

⑩《'Q商品別売上集計'の保存先》に「Q商品別売上集計(5月)」と入力します。
⑪《OK》をクリックします。

3 Where条件を利用したパラメータークエリの作成

クエリ「Q商品別売上集計(5月)」を編集して、クエリを実行するたびに「売上日」の期間を指定してデータを集計できるように、パラメータークエリを作成しましょう。

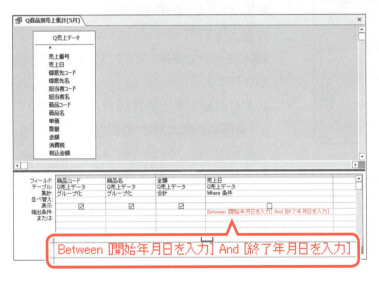

デザインビューに切り替えます。
①《ホーム》タブを選択します。
②《表示》グループの ▼ (表示) をクリックします。
③「売上日」フィールドの《抽出条件》セルを次のように修正します。

Between␣[開始年月日を入力]␣And␣[終了年月日を入力]

※英字と記号は半角で入力します。
※␣は半角空白を表します。
※列幅を調整して、条件を確認しましょう。

クエリを実行して、結果を確認します。
④《デザイン》タブを選択します。
⑤《結果》グループの ▦ (表示) をクリックします。

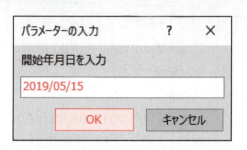

《パラメーターの入力》ダイアログボックスが表示されます。

⑥「開始年月日を入力」に「2019/05/15」と入力します。

⑦《OK》をクリックします。

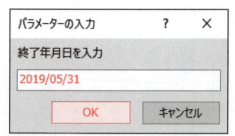

《パラメーターの入力》ダイアログボックスが表示されます。

⑧「終了年月日を入力」に「2019/05/31」と入力します。

⑨《OK》をクリックします。

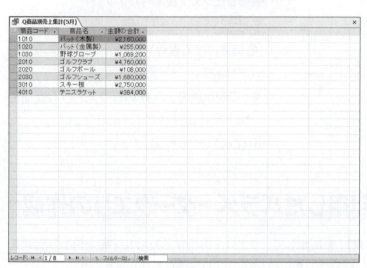

《パラメーターの入力》ダイアログボックスで指定した期間の売上金額が「商品コード」ごとに集計されます。

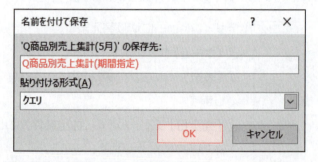

編集したクエリを保存します。

⑩ F12 を押します。

《名前を付けて保存》ダイアログボックスが表示されます。

⑪《'Q商品別売上集計(5月)'の保存先》に「Q商品別売上集計(期間指定)」と入力します。

⑫《OK》をクリックします。

※クエリを閉じておきましょう。

第8章

レポートによる
データの印刷

Check	この章で学ぶこと	181
Step1	レポートの概要	182
Step2	商品マスターを印刷する	184
Step3	得意先マスターを印刷する(1)	194
Step4	得意先マスターを印刷する(2)	202
Step5	宛名ラベルを作成する	211
Step6	売上一覧表を印刷する(1)	217
Step7	売上一覧表を印刷する(2)	223

第8章 この章で学ぶこと

学習前に習得すべきポイントを理解しておき、
学習後には確実に習得できたかどうかを振り返りましょう。

1	レポートで何ができるかを説明できる。	☑☑☑ → P.182
2	レポートのビューの違いを理解し、使い分けることができる。	☑☑☑ → P.183
3	レポートウィザードを使ってレポートを作成できる。	☑☑☑ → P.185
4	レポートのタイトルを編集できる。	☑☑☑ → P.191
5	コントロールの書式を設定できる。	☑☑☑ → P.192
6	レポートを印刷できる。	☑☑☑ → P.193
7	コントロールを移動できる。	☑☑☑ → P.199
8	コントロールを削除できる。	☑☑☑ → P.199
9	コントロールのサイズを変更できる。	☑☑☑ → P.200
10	セクション間でコントロールを移動できる。	☑☑☑ → P.209
11	宛名ラベルウィザードを使って宛名ラベルを作成できる。	☑☑☑ → P.213

Step 1 レポートの概要

1 レポートの概要

「レポート」とは、データを印刷するためのオブジェクトです。
蓄積したデータをそのまま印刷するだけでなく、並べ替えて印刷したり、グループ分けして小計や総計を印刷したりできます。
また、宛名ラベル、伝票、はがきなど様々な形式でも出力できます。

2 レポートのビュー

レポートには、次のようなビューがあります。

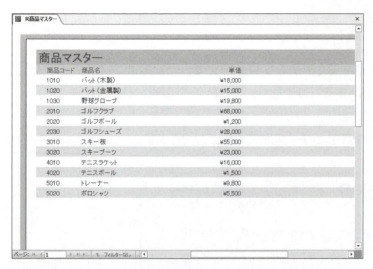

●印刷プレビュー

印刷プレビューは、印刷結果のイメージを表示するビューです。

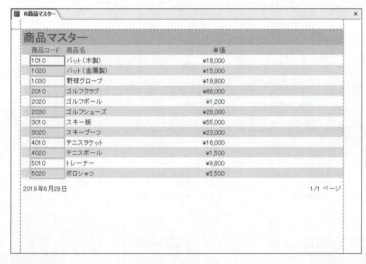

●レイアウトビュー

レイアウトビューは、レポートのレイアウトを変更するビューです。実際のデータを表示した状態で、データに合わせてサイズや位置を調整できます。

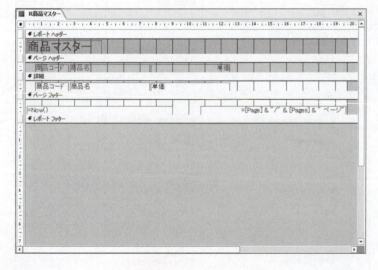

●デザインビュー

デザインビューは、レポートの構造の詳細を変更するビューです。

実際のデータは表示されませんが、レイアウトビューよりもより細かくデザインを変更することができます。

印刷結果を表示することはできません。

 その他のビュー

レポートには上の3つのほかに、次のビューがあります。

●レポートビュー

レポートビューは、印刷するデータを表示するビューです。実際のデータを表示した状態でフィルターを適用したり、データをコピーしたりできます。レイアウトの変更はできません。

Step2 商品マスターを印刷する

1 作成するレポートの確認

次のようなレポート「R商品マスター」を作成しましょう。

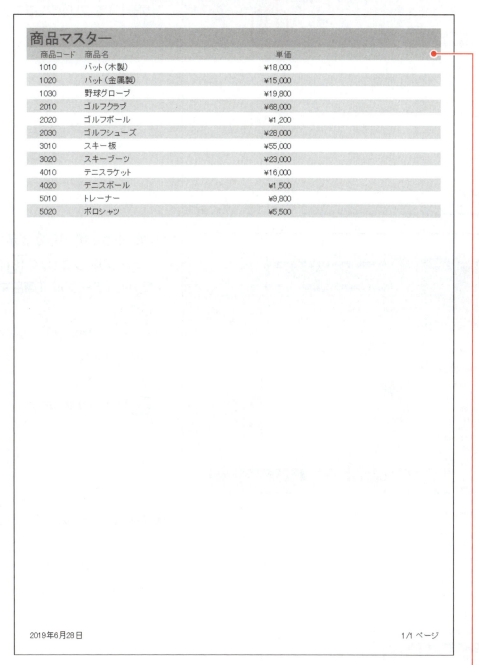

コントロールの書式設定

2 レポートの作成

レポートウィザードを使って、テーブル「T商品マスター」をもとにレポート「R商品マスター」を作成しましょう。

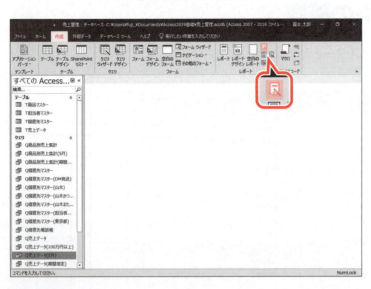

① 《作成》タブを選択します。
② 《レポート》グループの 🖹 (レポートウィザード) をクリックします。

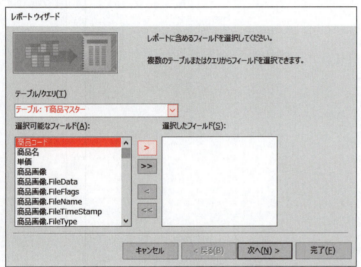

《レポートウィザード》が表示されます。
③ 《テーブル/クエリ》の ▽ をクリックし、一覧から「テーブル：T商品マスター」を選択します。
レポートに必要なフィールドを選択します。
④ 《選択可能なフィールド》の一覧から「商品コード」を選択します。
⑤ > をクリックします。

《選択したフィールド》に「商品コード」が移動します。
⑥ 同様に、《選択したフィールド》に「商品名」「単価」を移動します。
⑦ 《次へ》をクリックします。

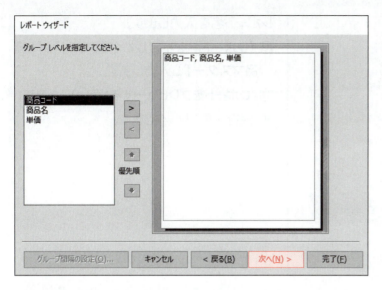

グループレベルを指定する画面が表示されます。
※今回、グループレベルは指定しません。
⑧《次へ》をクリックします。

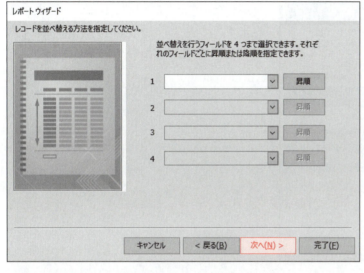

レコードを並べ替える方法を指定する画面が表示されます。
※今回、並べ替えは指定しません。
⑨《次へ》をクリックします。

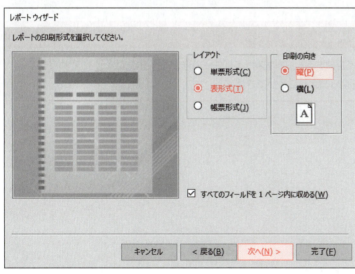

レポートの印刷形式を選択します。
⑩《レイアウト》の《表形式》を◉にします。
⑪《印刷の向き》の《縦》を◉にします。
⑫《次へ》をクリックします。

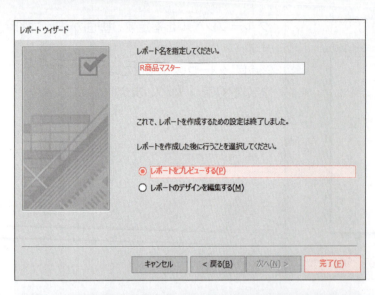

レポート名を入力します。

⑬《レポート名を指定してください。》に「R商品マスター」と入力します。

⑭《レポートをプレビューする》を◉にします。

⑮《完了》をクリックします。

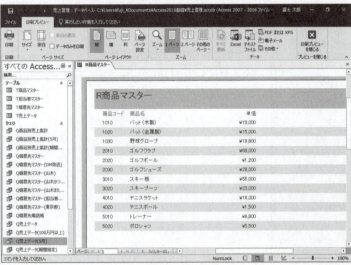

作成したレポートが印刷プレビューで表示されます。

※リボンに《印刷プレビュー》タブが表示されます。

POINT 拡大・縮小表示

印刷プレビューの用紙部分をポイントすると、マウスポインターの形が ⊕ または ⊖ に変わります。クリックすると、拡大・縮小表示を切り替えることができます。

POINT レポートの印刷形式

レポートの印刷形式には、次の3つがあります。

●単票形式
1件のレコードをカードのように印刷します。

●帳票形式
1件のレコードを帳票のように印刷します。

●表形式
レコードを一覧で印刷します。

POINT レポートの作成方法

レポートを作成する方法には、次のようなものがあります。

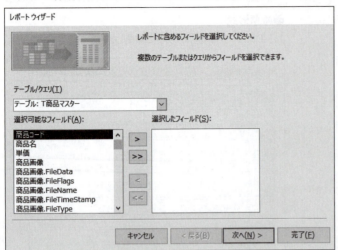

●レポートウィザードで作成

《作成》タブ→《レポート》グループの ■ (レポートウィザード)をクリックして対話形式で設問に答えることにより、もとになるテーブルやクエリ、フィールド、表示形式などが設定され、レポートが作成されます。
※そのほかにも対話形式で設問に答えることにより、宛名ラベルや伝票、はがきを簡単に作成することもできます。

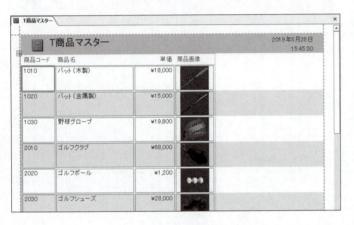

● ■ (レポート)で作成

ナビゲーションウィンドウのテーブルやクエリを選択して《作成》タブ→《レポート》グループの ■ (レポート)をクリックするだけで、レポートが自動的に作成されます。
もとになるテーブルやクエリのすべてのフィールドがレポートに表示されます。

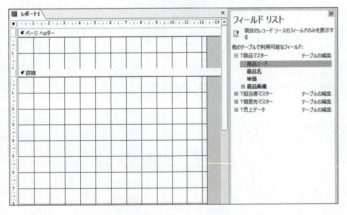

●デザインビューで作成

《作成》タブ→《レポート》グループの ■ (レポートデザイン)をクリックして、デザインビューから空白のレポートを作成します。
もとになるテーブルやフィールド、表示形式などを手動で設定し、レポートを作成します。

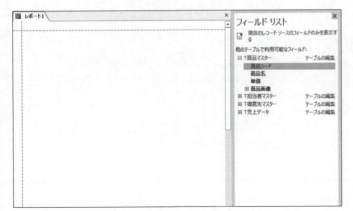

●レイアウトビューで作成

《作成》タブ→《レポート》グループの ■ (空白のレポート)をクリックして、レイアウトビューから空白のレポートを作成します。
もとになるテーブルやフィールド、表示形式などを手動で設定し、レポートを作成します。

3 ビューの切り替え

印刷プレビューからレイアウトビューに切り替えましょう。

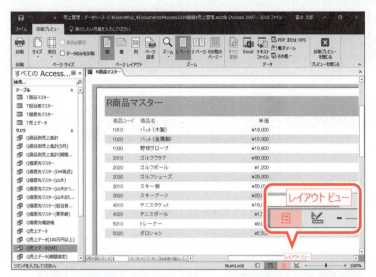

①ステータスバーの ▤ (レイアウトビュー)をクリックします。

印刷プレビューが閉じられ、レイアウトビューに切り替わります。
※リボンに《デザイン》タブ・《配置》タブ・《書式》タブ・《ページ設定》タブが追加され、自動的に《デザイン》タブに切り替わります。
※《フィールドリスト》が表示された場合は、X (閉じる)をクリックして閉じておきましょう。

POINT ビューの切り替え

印刷プレビューからビューを切り替える場合は、ステータスバーのビュー切り替えボタンを使うと便利です。

ボタン	説明
(レポートビュー)	レポートビューに切り替える
(印刷プレビュー)	印刷プレビューに切り替える
(レイアウトビュー)	レイアウトビューに切り替える
(デザインビュー)	デザインビューに切り替える

4 レイアウトビューの画面構成

レイアウトビューの各部の名称と役割を確認しましょう。

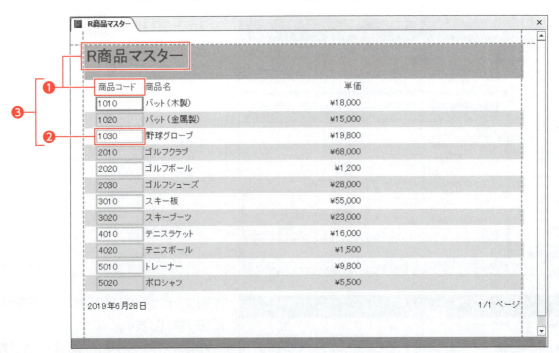

❶ラベル
タイトルやフィールド名を表示します。

❷テキストボックス
文字列や数値などのデータを表示します。

❸コントロール
ラベルやテキストボックスなどの各要素の総称です。

5 タイトルの変更

レポートウィザードでレポートを作成すると、タイトルとしてレポート名のラベルが自動的に配置されます。タイトルを「R商品マスター」から「商品マスター」に変更しましょう。

①「R商品マスター」ラベルを2回クリックします。
カーソルが表示されます。
②「R」をドラッグします。
③ Delete を押します。

「R」が削除されます。
※任意の場所をクリックし、選択を解除しておきましょう。
※タイトル行の高さが自動的に調整されます。

6 コントロールの書式設定

フィールド名が配置されている行の背景の色を「緑2」に変更しましょう。
※設定する項目名が一覧にない場合は、任意の項目を選択してください。

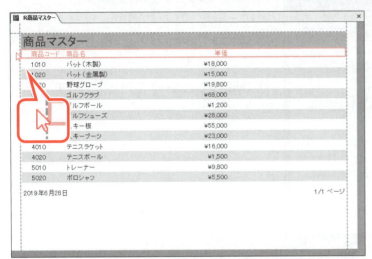

①フィールド名が配置されている行の左側をクリックします。
※「商品コード」ラベルの左側をクリックします。
フィールド名が配置されている行が選択されます。

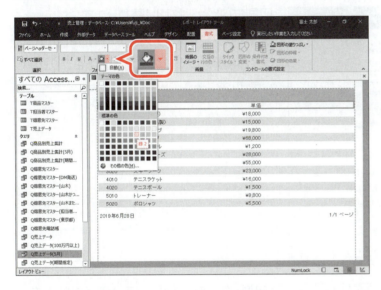

②《書式》タブを選択します。
③《フォント》グループの (背景色)の をクリックします。
④《標準の色》の《緑2》をクリックします。

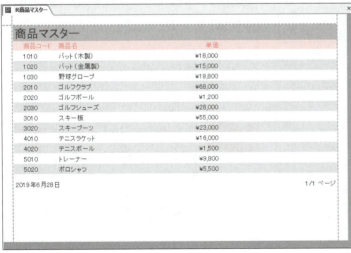

フィールド名が配置されている行の背景の色が変更されます。
※任意の場所をクリックし、選択を解除しておきましょう。
※レポートを上書き保存しておきましょう。

7 レポートの印刷

作成したレポートを印刷しましょう。

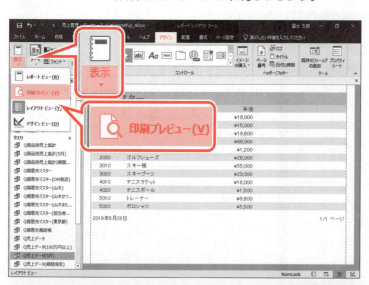

① 《デザイン》タブを選択します。
※《ホーム》タブでもかまいません。
② 《表示》グループの ■(表示)の をクリックします。
③ 《印刷プレビュー》をクリックします。

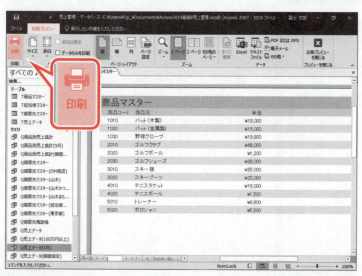

印刷プレビューに切り替わります。
④ 《印刷プレビュー》タブを選択します。
⑤ 《印刷》グループの ■(印刷)をクリックします。

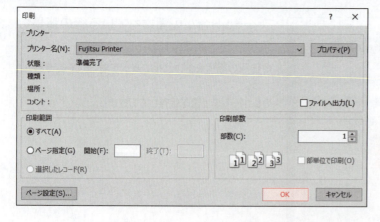

《印刷》ダイアログボックスが表示されます。
⑥ 《OK》をクリックします。
レポートが印刷されます。
※レポートを閉じておきましょう。

STEP UP その他の方法（レポートの印刷）
◆《ファイル》タブ→《印刷》→《印刷》
◆ナビゲーションウィンドウのレポートを右クリック→《印刷》
◆ Ctrl + P

STEP UP 用紙サイズの設定
用紙サイズを設定する方法は、次のとおりです。
◆印刷プレビューを表示→《印刷プレビュー》タブ→《ページサイズ》グループの ■(ページサイズの選択)

Step3 得意先マスターを印刷する(1)

1 作成するレポートの確認

次のようなレポート「R得意先マスター(五十音順)」を作成しましょう。

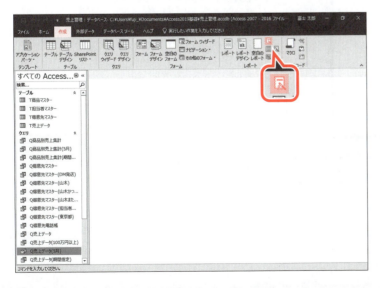

「フリガナ」を基準に五十音順に並べ替え　　　コントロールの移動・サイズ変更

2 レポートの作成

レポートウィザードを使って、クエリ「Q得意先マスター」をもとに、レポート「R得意先マスター(五十音順)」を作成しましょう。

①《作成》タブを選択します。
②《レポート》グループの ■ (レポートウィザード) をクリックします。

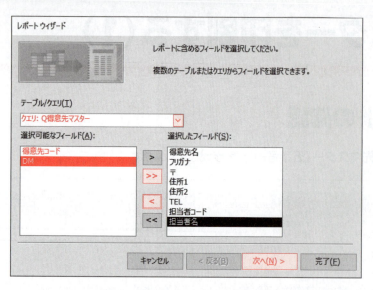

《レポートウィザード》が表示されます。

③《テーブル/クエリ》の▼をクリックし、一覧から「クエリ:Q得意先マスター」を選択します。

「得意先コード」と「DM」以外のフィールドを選択します。

④ >> をクリックします。

⑤《選択したフィールド》の一覧から「得意先コード」を選択します。

⑥ < をクリックします。

《選択可能なフィールド》に「得意先コード」が移動します。

⑦同様に、「DM」の選択を解除します。

⑧《次へ》をクリックします。

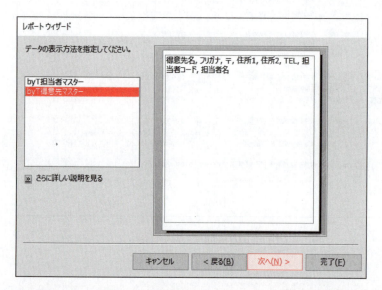

データの表示方法を指定します。

⑨一覧から「byT得意先マスター」が選択されていることを確認します。

⑩《次へ》をクリックします。

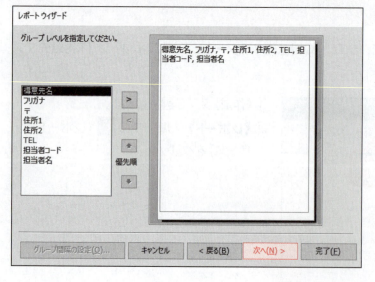

グループレベルを指定する画面が表示されます。

※今回、グループレベルは指定しません。

⑪《次へ》をクリックします。

レコードを並べ替える方法を指定します。

⑫《1》の ∨ をクリックし、一覧から「**フリガナ**」を選択します。

⑬並べ替え方法が 昇順 になっていることを確認します。

※ 昇順 と 降順 はクリックして切り替えます。

⑭《**次へ**》をクリックします。

レポートの印刷形式を選択します。

⑮《**レイアウト**》の《**表形式**》を ⦿ にします。

⑯《**印刷の向き**》の《**横**》を ⦿ にします。

⑰《**次へ**》をクリックします。

レポート名を入力します。

⑱《**レポート名を指定してください。**》に「**R得意先マスター(五十音順)**」と入力します。

⑲《**レポートをプレビューする**》を ⦿ にします。

⑳《**完了**》をクリックします。

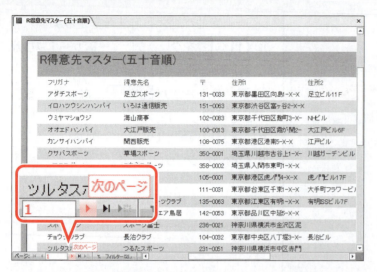

作成したレポートが印刷プレビューで表示されます。

㉑印刷結果の1ページ目が表示されていることを確認します。

㉒ ▶（次のページ）をクリックします。

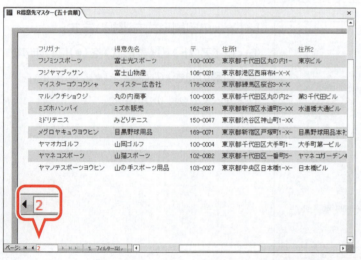

印刷結果の2ページ目が表示されます。

POINT レポートウィザードとフィールドの配置

レポート内のフィールドは、レポートウィザードで選択した順番で、用紙の左から配置されます。ただし、並べ替えやグループレベルを指定すると、そのフィールドが優先して左から配置されます。

STEP UP グループレベルの指定

レポートウィザードでグループレベルを指定すると、レコードをグループごとに分類したレポートを作成できます。

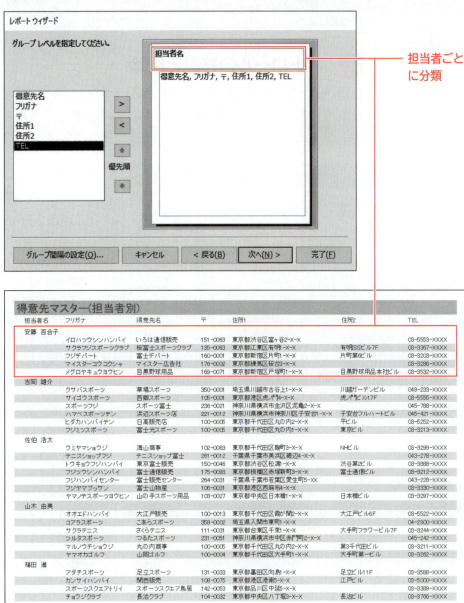

3 コントロールの配置の変更

レコードの内容がすべて表示されるように各コントロールを移動したり、サイズを変更したりしましょう。

1 コントロールの移動と削除

住所が2行で印刷されるように、「住所2」テキストボックスを移動しましょう。
また、「住所1」ラベルを「住所」に変更して、「住所2」ラベルを削除します。

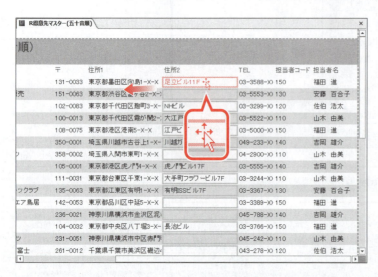

レイアウトビューに切り替えます。

①ステータスバーの 🗐 (レイアウトビュー) をクリックします。

②「住所2」のテキストボックス「**足立ビル11F**」を選択します。

※「住所2」テキストボックスであれば、どれでもかまいません。
※《フィールドリスト》が表示された場合は、🗙 (閉じる) をクリックして閉じておきましょう。

「住所2」テキストボックスが枠線で囲まれます。

③テキストボックス「**足立ビル11F**」内をポイントします。

マウスポインターの形が ✥ に変わります。

④「住所1」のテキストボックス「**東京都墨田区向島1-X-X**」の下側にドラッグします。

「住所2」テキストボックスが移動します。
「住所1」ラベルを「**住所**」に修正します。

⑤「住所1」ラベルを2回クリックし、「**1**」を削除します。

「住所2」ラベルを削除します。

⑥「住所2」ラベルを選択します。
⑦ [Delete] を押します。

2 コントロールの移動とサイズ変更

「TEL」のコントロールを移動し、「住所」「TEL」テキストボックスのサイズをデータの長さに合わせて調整しましょう。

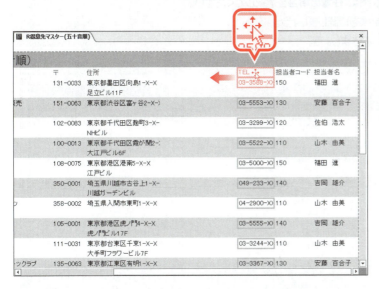

「TEL」のコントロールを選択します。
① 「TEL」ラベルを選択します。
② Shift を押しながら、「TEL」のテキストボックス「03-3588-XXXX」を選択します。

「TEL」ラベルとテキストボックスが枠線で囲まれます。

③ 選択した「TEL」ラベルとテキストボックス内をポイントします。

マウスポインターの形が に変わります。

④ 選択した「TEL」ラベルとテキストボックスを左方向にドラッグします。
※ ← を押して移動してもかまいません。

「TEL」のコントロールが移動されます。
⑤ 「住所」テキストボックスの「東京都墨田区向島1-X-X」を選択します。
※「住所」テキストボックスであれば、どれでもかまいません。
⑥ 「住所」テキストボックスの右側の境界線をポイントします。

マウスポインターの形が ↔ に変わります。
⑦ 右方向にドラッグします。
※ Shift + → を押してサイズ変更してもかまいません。

「住所」テキストボックスのサイズが変更されます。
※ スクロールして住所の内容がすべて表示されていることを確認しましょう。
⑧ 同様に、「TEL」テキストボックスのサイズを調整します。

200

Let's Try ためしてみよう

① タイトルを「R得意先マスター(五十音順)」から「得意先マスター(五十音順)」に変更しましょう。
② フィールド名が配置されている行の背景色を「緑2」に変更しましょう。
※設定する項目名が一覧にない場合は、任意の項目を選択してください。
※印刷プレビューに切り替えて、結果を確認しましょう。
※レポートを上書き保存し、閉じておきましょう。

Let's Try Answer

①
①「R得意先マスター(五十音順)」ラベルを2回クリックし、「R」を削除

②
①フィールド名が配置されている行の左側をクリック
②《書式》タブを選択
③《フォント》グループの (背景色)の ▼ をクリック
④《標準の色》の《緑2》(左から7番目、上から3番目)をクリック

Step 4 得意先マスターを印刷する(2)

1 作成するレポートの確認

特定の担当者の得意先だけを印刷できるレポート「**R得意先マスター(担当者指定)**」を作成しましょう。

●「110」と入力した場合

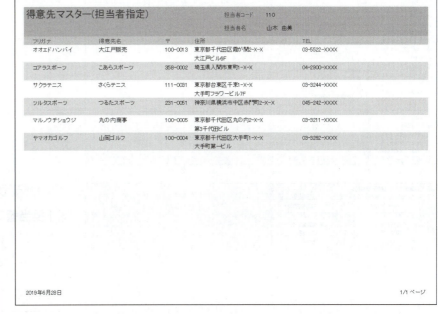

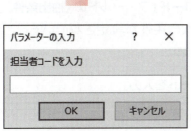

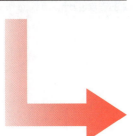

●「120」と入力した場合

2 もとになるクエリの確認

パラメータークエリをもとにレポートを作成すると、印刷を実行するたびに条件を指定して、条件に合致するデータだけを印刷できます。
クエリ「**Q得意先マスター(担当者指定)**」をデザインビューで開き、条件を確認しましょう。

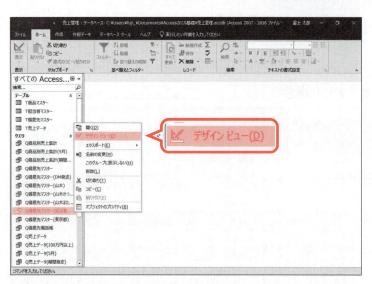

①ナビゲーションウィンドウのクエリ「**Q得意先マスター(担当者指定)**」を右クリックします。
②《**デザインビュー**》をクリックします。

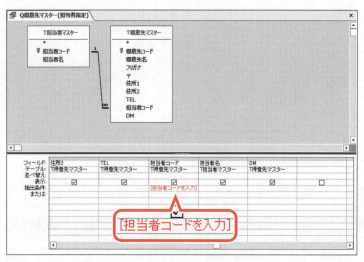

クエリがデザインビューで開かれます。
③「**担当者コード**」フィールドの《**抽出条件**》セルに、次の条件が設定されていることを確認します。

[担当者コードを入力]

※クエリを実行して、結果を確認しましょう。
※クエリを閉じておきましょう。

3 レポートの作成

クエリ「**Q得意先マスター(担当者指定)**」をもとに、レポート「**R得意先マスター(担当者指定)**」を作成しましょう。

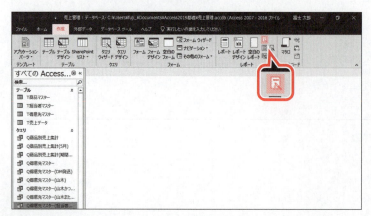

①《**作成**》タブを選択します。
②《**レポート**》グループの 📄 (レポートウィザード) をクリックします。

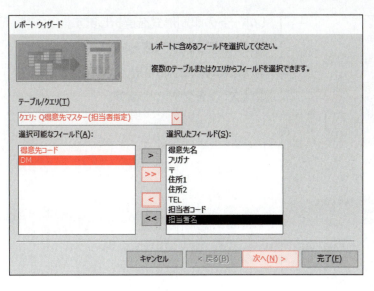

《レポートウィザード》が表示されます。

③《テーブル/クエリ》の▽をクリックし、一覧から「**クエリ：Q得意先マスター（担当者指定）**」を選択します。

「**得意先コード**」と「**DM**」以外のフィールドを選択します。

④ >> をクリックします。

⑤《**選択したフィールド**》の一覧から「**得意先コード**」を選択します。

⑥ < をクリックします。

《**選択可能なフィールド**》に「**得意先コード**」が移動します。

⑦同様に、「**DM**」の選択を解除します。

⑧《**次へ**》をクリックします。

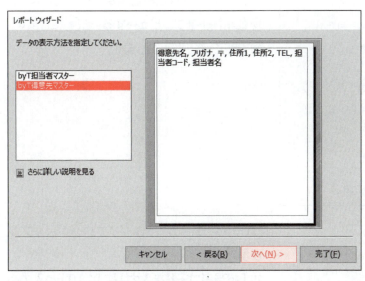

データの表示方法を指定します。

⑨一覧から「**byT得意先マスター**」が選択されていることを確認します。

⑩《**次へ**》をクリックします。

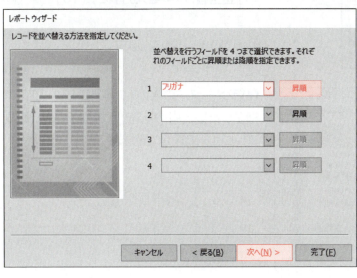

グループレベルを指定する画面が表示されます。

※今回、グループレベルは指定しません。

⑪《**次へ**》をクリックします。

レコードを並べ替える方法を指定します。

⑫《1》の▽をクリックし、一覧から「**フリガナ**」を選択します。

⑬並べ替え方法が 昇順 になっていることを確認します。

※ 昇順 と 降順 はクリックして切り替えます。

⑭《**次へ**》をクリックします。

204

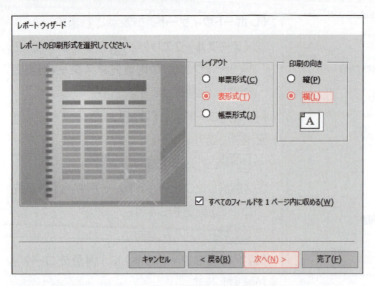

レポートの印刷形式を選択します。

⑮《レイアウト》の《表形式》を◉にします。

⑯《印刷の向き》の《横》を◉にします。

⑰《次へ》をクリックします。

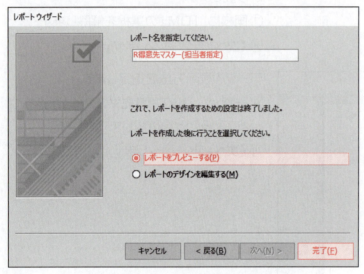

レポート名を入力します。

⑱《レポート名を指定してください。》に「R得意先マスター(担当者指定)」と入力します。

⑲《レポートをプレビューする》を◉にします。

⑳《完了》をクリックします。

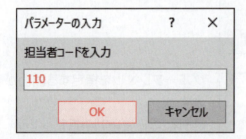

《パラメーターの入力》ダイアログボックスが表示されます。

㉑「担当者コードを入力」に「110」と入力します。

㉒《OK》をクリックします。

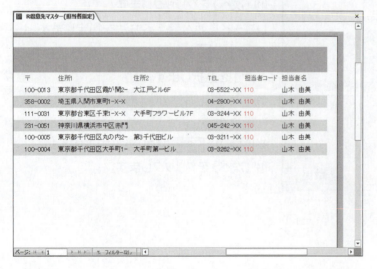

《パラメーターの入力》ダイアログボックスで指定した担当者のレコードが抽出され、印刷プレビューで表示されます。

Let's Try ためしてみよう

① レイアウトビューを使って、タイトルを「R得意先マスター（担当者指定）」から「得意先マスター（担当者指定）」に変更しましょう。
② フィールド名が配置されている行の背景色を「緑2」に変更しましょう。
※設定する項目名が一覧にない場合は、任意の項目を選択してください。
③「住所1」ラベルを「住所」に変更し、「住所2」ラベルを削除しましょう。また、完成図を参考に、コントロールのサイズと配置を調整しましょう。

Let's Try Answer

①
①ステータスバーの 📋（レイアウトビュー）をクリック
②「R得意先マスター（担当者指定）」ラベルを2回クリックし、「R」を削除

②
①フィールド名が配置されている行の左側をクリック
②《書式》タブを選択
③《フォント》グループの 🎨（背景色）の ▾ をクリック
④《標準の色》の《緑2》（左から7番目、上から3番目）をクリック

③
①「住所1」ラベルを2回クリックし、「1」を削除
②「住所2」ラベルを選択
③ Delete を押す
④完成図を参考に、コントロールのサイズと配置を調整

4 ビューの切り替え

レポートの構造の詳細を変更するには、デザインビューを使います。
デザインビューに切り替えましょう。

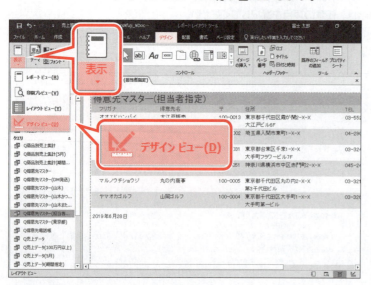

①《デザイン》タブを選択します。
※《ホーム》タブでもかまいません。
②《表示》グループの ▦ (表示) の 表示 をクリックします。
③《デザインビュー》をクリックします。

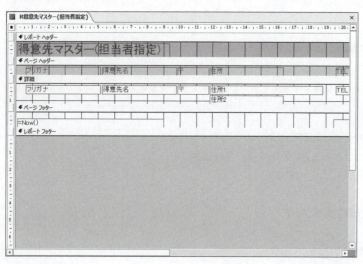

レポートがデザインビューで開かれます。

5 デザインビューの画面構成

デザインビューの各部の名称と役割を確認しましょう。

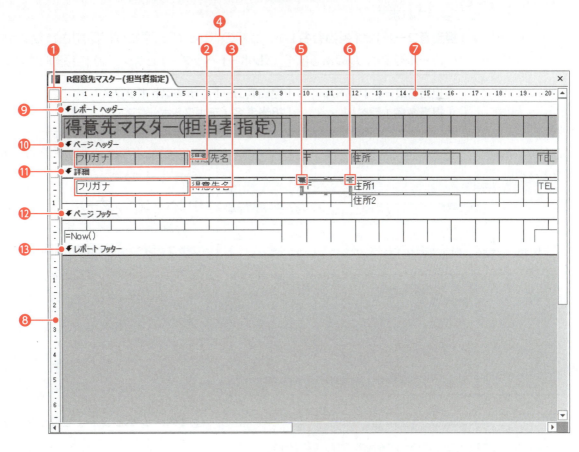

❶ **レポートセレクター**
レポート全体を選択するときに使います。

❷ **ラベル**
タイトルやフィールド名を表示します。

❸ **テキストボックス**
文字列や数値などのデータを表示します。

❹ **コントロール**
ラベルやテキストボックスなどの各要素の総称です。

❺ **移動ハンドル**
コントロールを移動するときに使います。

❻ **サイズハンドル**
コントロールのサイズを変更するときに使います。

❼ **水平ルーラー**
コントロールの配置や幅の目安にします。

❽ **垂直ルーラー**
コントロールの配置や高さの目安にします。

❾ **《レポートヘッダー》セクション**
レポートを印刷したときに、最初のページの先頭に印字される領域です。

❿ **《ページヘッダー》セクション**
レポートを印刷したときに、各ページの上部に印字される領域です。サブタイトルや小見出しなどを配置します。

⓫ **《詳細》セクション**
各レコードが印字される領域です。

⓬ **《ページフッター》セクション**
レポートを印刷したときに、各ページの下部に印字される領域です。日付やページ番号などを配置します。

⓭ **《レポートフッター》セクション**
レポートを印刷したときに、最終ページのページフッターの上に印字される領域です。

6 セクション間のコントロールの移動

レポート「**R得意先マスター（担当者指定）**」は、すべてのレコードに同一の担当者が重複して表示されます。

「担当者コード」と「担当者名」が、最初のページの先頭だけに印刷されるように、次のコントロールをタイトルのある部分（《レポートヘッダー》セクション）に移動しましょう。

「担当者コード」ラベル	「担当者コード」テキストボックス
「担当者名」ラベル	「担当者名」テキストボックス

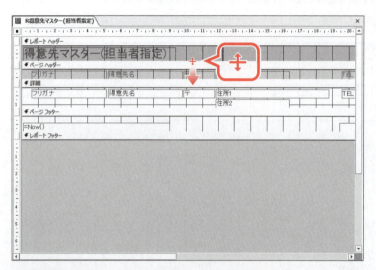

《レポートヘッダー》セクションの高さを広げます。

①《ページヘッダー》セクションの上側の境界線をポイントします。

マウスポインターの形が ✥ に変わります。

②下方向にドラッグします。

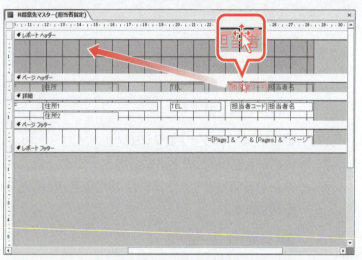

③《ページヘッダー》セクションの「**担当者コード**」ラベルを選択します。

④ラベルの枠をポイントします。

マウスポインターの形が ✥ に変わります。

⑤図のようにドラッグします。

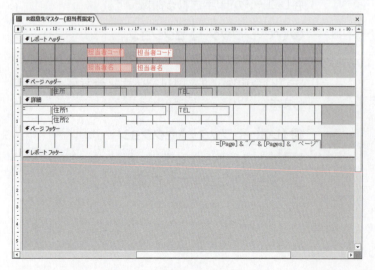

「**担当者コード**」ラベルが移動されます。

⑥同様に、「**担当者名**」ラベル、「**担当者コード**」テキストボックス、「**担当者名**」テキストボックスを移動します。

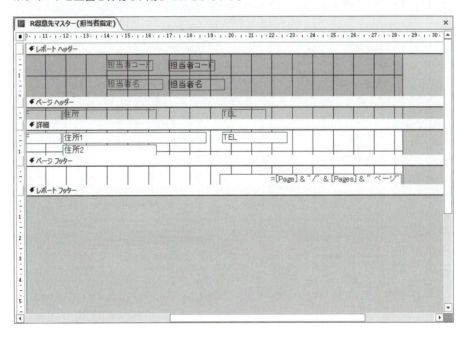

印刷プレビューに切り替えます。

⑦《デザイン》タブを選択します。
※《ホーム》タブでもかまいません。

⑧《表示》グループの □ (表示) の 表示 をクリックします。

⑨《印刷プレビュー》をクリックします。
※《パラメーターの入力》ダイアログボックスに、任意の「担当者コード」を入力します。

⑩「担当者コード」と「担当者名」が最初のページの先頭に表示されていることを確認します。

Let's Try ためしてみよう

デザインビューを使って、「担当者コード」テキストボックス、「担当者名」テキストボックスの背景色を「透明」に変更しましょう。

Hint! 《書式》タブ→《フォント》グループの (背景色)を使います。

※印刷プレビューに切り替えて、結果を確認しましょう。
※レポートを上書き保存し、閉じておきましょう。

Let's Try Answer

①ステータスバーの  (デザインビュー)をクリック
②「担当者コード」テキストボックスを選択
③ Shift を押しながら、「担当者名」テキストボックスを選択
④《書式》タブを選択
⑤《フォント》グループの (背景色)の ▼ をクリック
⑥《透明》をクリック

Step 5 宛名ラベルを作成する

1 作成するレポートの確認

次のようなレポート「R得意先マスター（DM発送）」を作成しましょう。

〒100-0005
東京都千代田区丸の内2-X-X
第3千代田ビル

丸の内商事 御中
110

〒100-0005
東京都千代田区丸の内1-X-X
東京ビル

富士光スポーツ 御中
140

〒131-0033
東京都墨田区向島1-X-X
足立ビル11F

足立スポーツ 御中
150

〒108-0075
東京都港区港南5-X-X
江戸ビル

関西販売 御中
150

〒100-0004
東京都千代田区大手町1-X-X
大手町第一ビル

山岡ゴルフ 御中
110

〒100-0013
東京都千代田区霞が関2-X-X
大江戸ビル6F

大江戸販売 御中
110

〒102-0083
東京都千代田区麹町3-X-X
NHビル

海山商事 御中
120

〒102-0082
東京都千代田区一番町5-XX
ヤマネコガーデン4F

山猫スポーツ 御中
150

〒105-0001
東京都港区虎ノ門4-X-X
虎ノ門ビル17F

西郷スポーツ 御中
140

〒104-0032
東京都中央区八丁堀3-X-X
長治ビル

長治クラブ 御中
150

〒150-0047
東京都渋谷区神山町1-XX

みどりテニス 御中
150

〒151-0063
東京都渋谷区富ヶ谷2-X-X

いろは通信販売 御中
130

2 もとになるクエリの確認

クエリ「Q得意先マスター(DM発送)」をもとにレポートを作成すると、「DM」フィールドが☑になっている得意先を対象に宛名ラベルを印刷できます。
クエリ「Q得意先マスター(DM発送)」をデザインビューで開き、条件を確認しましょう。

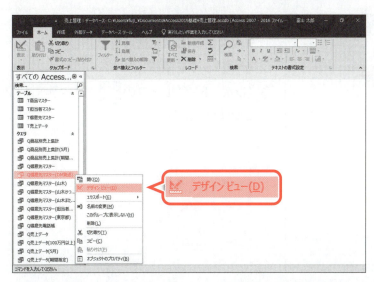

①ナビゲーションウィンドウのクエリ「**Q得意先マスター(DM発送)**」を右クリックします。
②《**デザインビュー**》をクリックします。

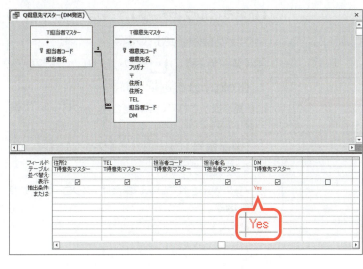

クエリがデザインビューで開かれます。
③「**DM**」フィールドの《**抽出条件**》セルが「**Yes**」になっていることを確認します。
※クエリを実行して、結果を確認しましょう。
※クエリを閉じておきましょう。

3 レポートの作成

宛名ラベルウィザードを使って、クエリ「**Q得意先マスター（DM発送）**」をもとに、レポート「**R得意先マスター（DM発送）**」を作成しましょう。

※設定する項目名が一覧にない場合は、任意の項目を選択してください。

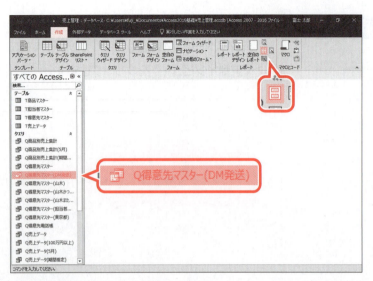

① ナビゲーションウィンドウのクエリ「**Q得意先マスター（DM発送）**」を選択します。
②《**作成**》タブを選択します。
③《**レポート**》グループの ▭（宛名ラベル）をクリックします。

《宛名ラベルウィザード》が表示されます。
ラベルの種類を選択します。
④《**メーカー**》の ▽ をクリックし、一覧から《**Kokuyo**》を選択します。
※一覧に表示されていない場合は、スクロールして調整します。
⑤《**製品番号**》の一覧から《**タイ-2161N‐w**》を選択します。
※一覧に表示されていない場合は、スクロールして調整します。
⑥《**次へ**》をクリックします。

POINT ユーザー定義ラベル

メーカーを選択すると、そのメーカーの製品番号が一覧で表示されます。
印刷するラベルが一覧にない場合は、《ユーザー定義ラベル》をクリックし、《新規ラベルのサイズ》ダイアログボックスで新規作成します。

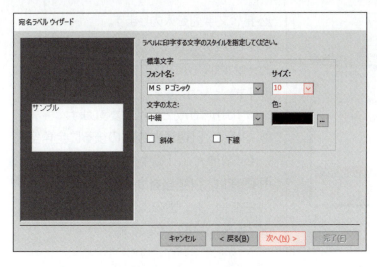

ラベルに印字する文字列のスタイルを指定します。

⑦《サイズ》の▽をクリックし、一覧から《10》を選択します。

⑧《次へ》をクリックします。

ラベルに印字するフィールドと文字列を指定します。

⑨《ラベルのレイアウト》の1行目にカーソルがあることを確認します。

⑩《選択可能なフィールド》の一覧から「〒」を選択します。

⑪ > をクリックします。

《ラベルのレイアウト》に「〒」フィールドが配置されます。

※フィールド名は{ }で囲まれて表示されます。

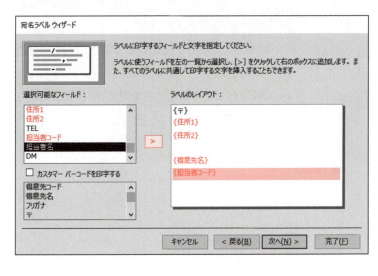

⑫《ラベルのレイアウト》の2行目をクリックします。

2行目にカーソルが移動します。

⑬《選択可能なフィールド》の一覧から「住所1」を選択します。

⑭ > をクリックします。

⑮同様に、図のようにフィールドを配置します。

POINT フィールドの配置の修正

フィールドの配置を修正する場合、一旦フィールドを削除して、配置しなおします。
フィールドを削除する方法は、次のとおりです。
◆フィールドを選択→ Delete

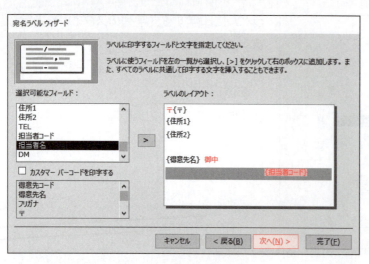

必要な文字列を入力します。

⑯「{〒}」の左側をクリックします。

カーソルが表示されます。

⑰「〒」と入力します。

※「〒」は「ゆうびん」と入力して変換します。

⑱同様に、「{得意先名}」の後ろに全角空白を1つ挿入し、「御中」と入力します。

⑲同様に、「{担当者コード}」の前に全角空白を挿入し、図のように配置します。

⑳《次へ》をクリックします。

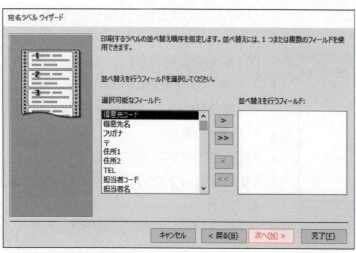

並べ替えを行うフィールドを選択する画面が表示されます。

※今回、並べ替えは指定しません。

㉑《次へ》をクリックします。

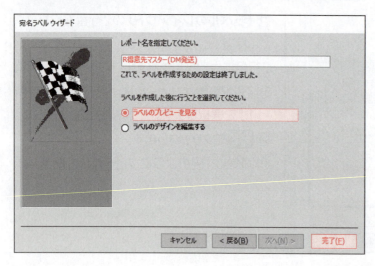

レポート名を入力します。

㉒《レポート名を指定してください。》に「R得意先マスター(DM発送)」と入力します。

㉓《ラベルのプレビューを見る》を◉にします。

㉔《完了》をクリックします。

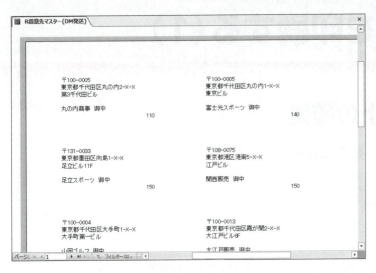

作成したレポートが印刷プレビューで表示されます。
※レポートを閉じておきましょう。

STEP UP 便利なウィザード

ウィザードを使うと、対話形式で設問に答えることにより、伝票やはがきを簡単に作成できます。

●伝票ウィザード
宅配便の送り状や納品書、売上伝票などを作成できます。
◆《作成》タブ→《レポート》グループの 📄 (伝票ウィザード)

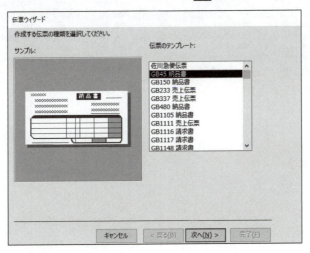

●はがきウィザード
はがきの宛名面を作成できます。
◆《作成》タブ→《レポート》グループの 📄 (はがきウィザード)

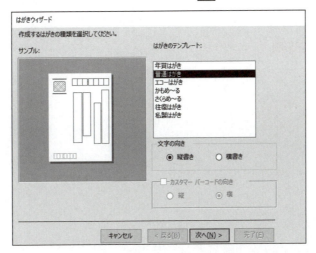

Step6 売上一覧表を印刷する(1)

1 作成するレポートの確認

次のようなレポート「R売上一覧表(本日分)」を作成しましょう。
「本日」の売上データを印刷します。

> 本書では、パソコンの日付を2019年6月28日として処理しています。
> 本書と同じ結果を得るために、パソコンの日付を2019年6月28日にしておきましょう。
> 日付を変更する方法は、次のとおりです。
> ◆右下の通知領域の時刻部分を右クリック→《日付と時刻の調整》→《日付と時刻》の《時刻を自動的に設定する》をオフ→《日付と時刻を変更する》の《変更》
> ※日付を変更するには、アカウントの種類が管理者のユーザーで、パソコンにサインインする必要があります。

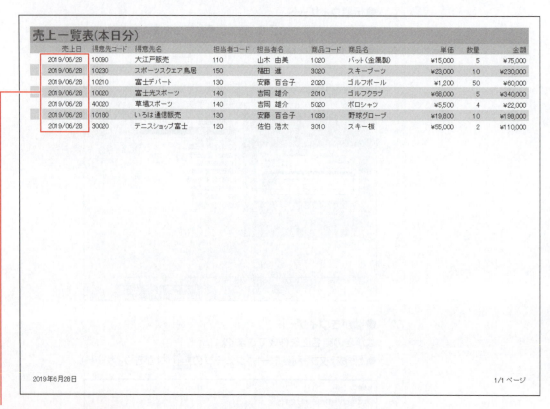

「本日」の売上データを印刷

第8章 レポートによるデータの印刷

2 もとになるクエリの作成

「本日」の売上データを印刷するには、クエリ「Q売上データ」から「本日」の売上データを抽出するクエリを、あらかじめ作成しておく必要があります。
クエリ「Q売上データ」を編集して、レポートのもとになるクエリ「Q売上データ(本日分)」を作成しましょう。

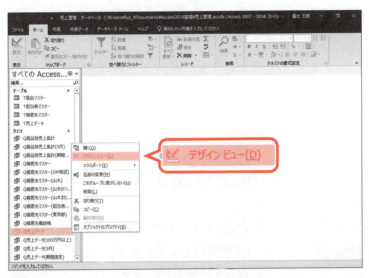

①ナビゲーションウィンドウのクエリ「Q売上データ」を右クリックします。
②《デザインビュー》をクリックします。

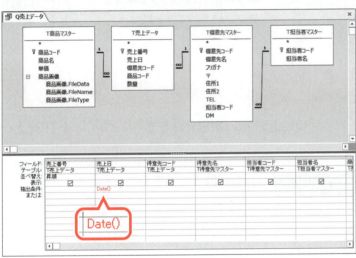

条件を設定します。
③「売上日」フィールドの《抽出条件》セルに次のように入力します。

| Date() |

※半角で入力します。
クエリを実行して、結果を確認します。
④《デザイン》タブを選択します。
⑤《結果》グループの 🔲 (表示)をクリックします。

POINT Date関数

パソコンの「本日の日付」を返します。

| Date() |

「売上日」が「本日」のデータが抽出されます。

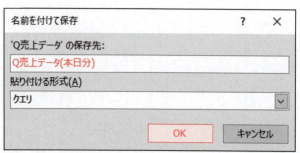

編集したクエリを保存します。
⑥ F12 を押します。
《名前を付けて保存》ダイアログボックスが表示されます。
⑦《'Q売上データ'の保存先》に「Q売上データ(本日分)」と入力します。
⑧《OK》をクリックします。
※クエリを閉じておきましょう。

3 レポートの作成

レポートウィザードを使って、クエリ「Q売上データ(本日分)」をもとに、レポート「R売上一覧表(本日分)」を作成しましょう。

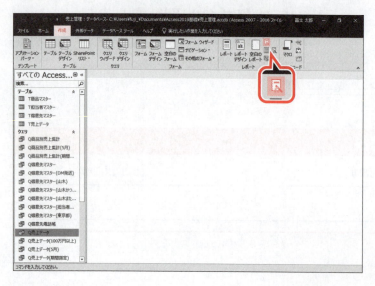

①《作成》タブを選択します。
②《レポート》グループの 📄 (レポートウィザード)をクリックします。

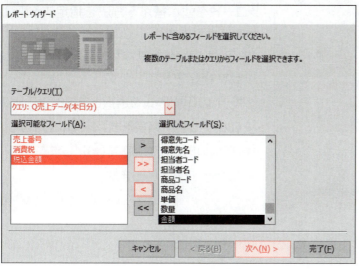

《レポートウィザード》が表示されます。

③《テーブル/クエリ》の ✓ をクリックし、一覧から「クエリ：Q売上データ(本日分)」を選択します。

「売上番号」と「消費税」と「税込金額」以外のフィールドを選択します。

④ >> をクリックします。

⑤《選択したフィールド》の一覧から「売上番号」を選択します。

⑥ < をクリックします。

《選択可能なフィールド》に「売上番号」が移動します。

⑦同様に、「消費税」と「税込金額」の選択を解除します。

⑧《次へ》をクリックします。

グループレベルを指定する画面が表示されます。

自動的に「得意先コード」が指定されているので解除します。

⑨ < をクリックします。

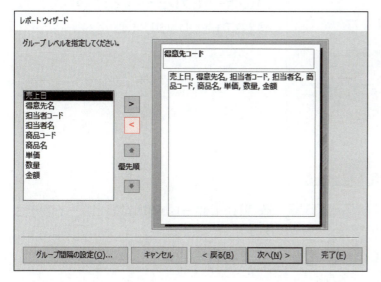

グループレベルが解除されます。

⑩《次へ》をクリックします。

220

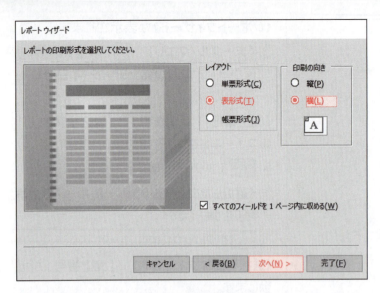

レコードを並べ替える方法を指定する画面が表示されます。
※今回、並べ替えは指定しません。
⑪《次へ》をクリックします。
レポートの印刷形式を選択します。
⑫《レイアウト》の《表形式》を◉にします。
⑬《印刷の向き》の《横》を◉にします。
⑭《次へ》をクリックします。

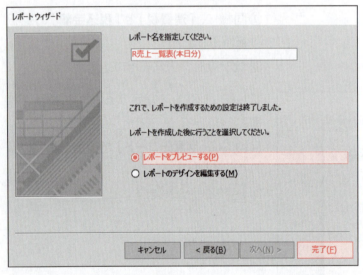

レポート名を入力します。
⑮《レポート名を指定してください。》に「R売上一覧表(本日分)」と入力します。
⑯《レポートをプレビューする》を◉にします。
⑰《完了》をクリックします。

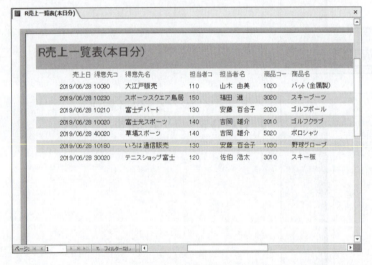

作成したレポートが印刷プレビューで表示されます。

Let's Try ためしてみよう

①レイアウトビューを使って、タイトルを「R売上一覧表（本日分）」から「売上一覧表（本日分）」に変更しましょう。
②フィールド名が配置されている行の背景色を「緑2」に変更しましょう。
※設定する項目名が一覧にない場合は、任意の項目を選択してください。
③完成図を参考に、コントロールのサイズと配置を調整しましょう。
※印刷プレビューに切り替えて、結果を確認しましょう。
※レポートを上書き保存し、閉じておきましょう。

Let's Try Answer

①
①ステータスバーの □ （レイアウトビュー）をクリック
②「R売上一覧表（本日分）」ラベルを2回クリックし、「R」を削除

②
①フィールド名が配置されている行の左側をクリック
②《書式》タブを選択
③《フォント》グループの ◇・ （背景色）の ・ をクリック
④《標準の色》の《緑2》（左から7番目、上から3番目）をクリック

③
①完成図を参考に、コントロールのサイズと配置を調整

> パソコンの日付をもとに戻しておきましょう。

Step 7 売上一覧表を印刷する（2）

1 作成するレポートの確認

次のようなレポート「R売上一覧表（期間指定）」を作成しましょう。

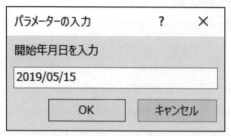
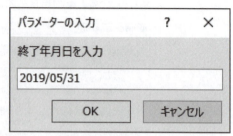

売上日	得意先コード	得意先名	担当者コード	担当者名	商品コード	商品名	単価	数量	金額
2019/05/15	20020	つるたスポーツ	110	山木 由美	2020	ゴルフボール	¥1,200	3	¥3,600
2019/05/15	10020	富士光スポーツ	140	吉岡 雄介	2010	ゴルフクラブ	¥68,000	20	¥1,360,000
2019/05/16	10230	スポーツスクエア鳥居	150	福田 進	4010	テニスラケット	¥16,000	8	¥128,000
2019/05/16	10250	富士通信販売	120	佐伯 浩太	1030	野球グローブ	¥19,800	4	¥79,200
2019/05/16	10080	日高販売店	140	吉岡 雄介	2020	ゴルフボール	¥1,200	3	¥3,600
2019/05/17	10140	富士山物産	120	佐伯 浩太	2010	ゴルフクラブ	¥68,000	5	¥340,000
2019/05/17	30010	富士販売センター	120	佐伯 浩太	2020	ゴルフボール	¥1,200	20	¥24,000
2019/05/17	10180	いろは通信販売	130	安藤 百合子	4010	テニスラケット	¥16,000	10	¥160,000
2019/05/17	10160	みどりテニス	150	福田 進	2020	ゴルフボール	¥1,200	2	¥2,400
2019/05/20	10050	足立スポーツ	150	福田 進	2030	ゴルフシューズ	¥28,000	2	¥56,000
2019/05/20	30020	テニスショップ富士	120	佐伯 浩太	3010	スキー板	¥55,000	50	¥2,750,000
2019/05/21	20020	つるたスポーツ	110	山木 由美	4010	テニスラケット	¥16,000	2	¥32,000
2019/05/21	10210	富士デパート	130	安藤 百合子	2010	ゴルフクラブ	¥68,000	15	¥1,020,000
2019/05/21	10030	さくらテニス	110	山木 由美	1010	バット（木製）	¥18,000	40	¥720,000
2019/05/22	10100	山の手スポーツ用品	120	佐伯 浩太	1030	野球グローブ	¥19,800	30	¥594,000
2019/05/22	10180	いろは通信販売	130	安藤 百合子	2020	ゴルフボール	¥1,200	10	¥12,000
2019/05/22	10150	長治クラブ	150	福田 進	2030	ゴルフシューズ	¥28,000	3	¥84,000
2019/05/23	10130	西郷スポーツ	140	吉岡 雄介	1020	バット（金属製）	¥15,000	5	¥75,000
2019/05/23	10160	みどりテニス	150	福田 進	2020	ゴルフボール	¥1,200	1	¥1,200
2019/05/24	10110	海山商事	120	佐伯 浩太	2010	ゴルフクラブ	¥68,000	20	¥1,360,000
2019/05/24	10170	東京富士販売	120	佐伯 浩太	1030	野球グローブ	¥19,800	20	¥396,000
2019/05/27	10080	日高販売店	140	吉岡 雄介	2020	ゴルフボール	¥1,200	5	¥6,000
2019/05/27	10160	みどりテニス	150	福田 進	2020	ゴルフボール	¥1,200	4	¥4,800
2019/05/28	10230	スポーツスクエア鳥居	150	福田 進	2020	ゴルフボール	¥1,200	30	¥36,000
2019/05/28	10090	大江戸販売	110	山木 由美	2010	ゴルフクラブ	¥68,000	3	¥204,000
2019/05/29	10120	山猫スポーツ	150	福田 進	2030	ゴルフシューズ	¥28,000	5	¥140,000
2019/05/30	10100	山の手スポーツ用品	120	佐伯 浩太	1010	バット（木製）	¥18,000	30	¥540,000
2019/05/30	40010	こあらスポーツ	110	山木 由美	1020	バット（金属製）	¥15,000	12	¥180,000

2019年6月28日　　　　　　　　　　　　　　　　　　　　　　　　　　　　1/2 ページ

《パラメーターの入力》ダイアログボックスで指定した期間の売上データを印刷

2 もとになるクエリの確認

Between And 演算子を利用したパラメータークエリをもとにレポートを作成すると、印刷を実行するたびに範囲の上限と下限を指定して、その範囲内のデータを印刷できます。
クエリ「**Q売上データ(期間指定)**」をデザインビューで開き、条件を確認しましょう。

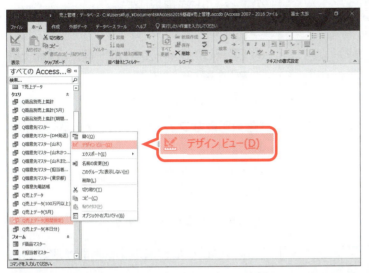

①ナビゲーションウィンドウのクエリ「**Q売上データ(期間指定)**」を右クリックします。
②《デザインビュー》をクリックします。

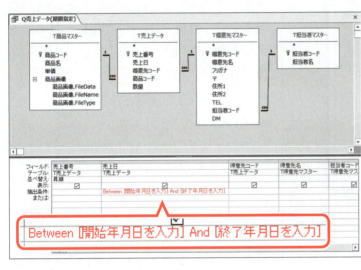

クエリがデザインビューで開かれます。
③「**売上日**」フィールドの《抽出条件》セルに次の条件が設定されていることを確認します。

Between [開始年月日を入力] And [終了年月日を入力]

※列幅を調整して、条件を確認しましょう。
※クエリを実行して、結果を確認しましょう。
※クエリを閉じておきましょう。

3 レポートの作成

クエリ「**Q売上データ(期間指定)**」をもとに、レポート「**R売上一覧表(期間指定)**」を作成しましょう。

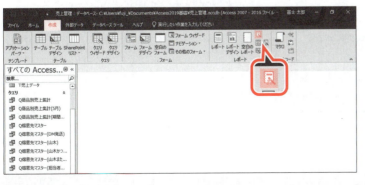

①《作成》タブを選択します。
②《レポート》グループの ![R] (レポートウィザード)をクリックします。

224

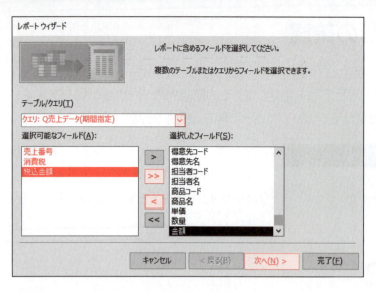

《レポートウィザード》が表示されます。

③《テーブル/クエリ》の▼をクリックし、一覧から「クエリ：Q売上データ（期間指定）」を選択します。

「売上番号」と「消費税」と「税込金額」以外のフィールドを選択します。

④ >> をクリックします。

⑤《選択したフィールド》の一覧から「売上番号」を選択します。

⑥ < をクリックします。

《選択可能なフィールド》に「売上番号」が移動します。

⑦同様に、「消費税」と「税込金額」の選択を解除します。

⑧《次へ》をクリックします。

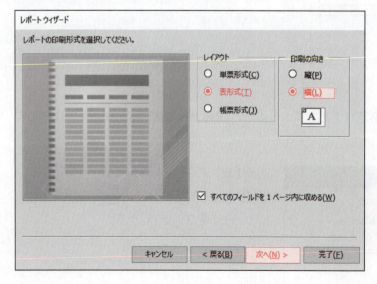

グループレベルを指定する画面が表示されます。

自動的に「得意先コード」が指定されているので解除します。

⑨ < をクリックします。

グループレベルが解除されます。

⑩《次へ》をクリックします。

レコードを並べ替える方法を指定する画面が表示されます。

※今回、並べ替えは指定しません。

⑪《次へ》をクリックします。

レポートの印刷形式を選択します。

⑫《レイアウト》の《表形式》を◉にします。

⑬《印刷の向き》の《横》を◉にします。

⑭《次へ》をクリックします。

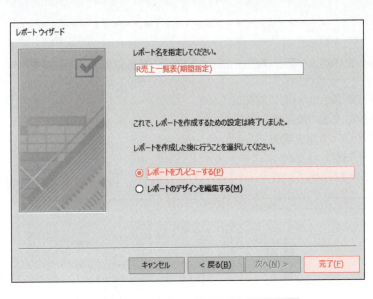

レポート名を入力します。

⑮《レポート名を指定してください。》に「R売上一覧表(期間指定)」と入力します。

⑯《レポートをプレビューする》を◉にします。

⑰《完了》をクリックします。

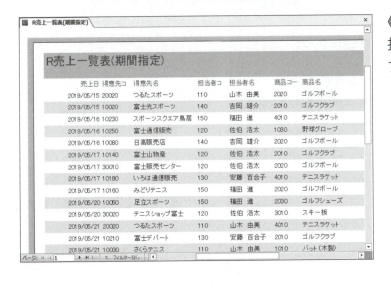

《パラメーターの入力》ダイアログボックスが表示されます。

⑱「開始年月日を入力」に「2019/05/15」と入力します。

⑲《OK》をクリックします。

《パラメーターの入力》ダイアログボックスが表示されます。

⑳「終了年月日を入力」に「2019/05/31」と入力します。

㉑《OK》をクリックします。

《パラメーターの入力》ダイアログボックスで指定した期間のレコードが抽出され、印刷プレビューで表示されます。

Let's Try ためしてみよう

① レイアウトビューを使って、タイトルを「R売上一覧表（期間指定）」から「売上一覧表（期間指定）」に変更しましょう。
② フィールド名が配置されている行の背景色を「緑2」に変更しましょう。
※設定する項目名が一覧にない場合は、任意の項目を選択してください。
③ 完成図を参考に、コントロールのサイズと配置を調整しましょう。
※印刷プレビューに切り替えて、結果を確認しましょう。
※レポートを上書き保存し、閉じておきましょう。

Let's Try Answer

①
① ステータスバーの  （レイアウトビュー）をクリック
②「R売上一覧表（期間指定）」ラベルを2回クリックし、「R」を削除

②
① フィールド名が配置されている行の左側をクリック
②《書式》タブを選択
③《フォント》グループの (背景色)の をクリック
④《標準の色》の《緑2》（左から7番目、上から3番目）をクリック

③
① 完成図を参考に、コントロールのサイズと配置を調整

第9章

便利な機能

Check	この章で学ぶこと ……………………………………	229
Step1	ナビゲーションフォームを作成する …………………	230
Step2	オブジェクトの依存関係を確認する …………………	233
Step3	PDFファイルとして保存する …………………………	235
Step4	テンプレートを利用する ………………………………	238

第9章 この章で学ぶこと

学習前に習得すべきポイントを理解しておき、
学習後には確実に習得できたかどうかを振り返りましょう。

1 ナビゲーションフォームを作成できる。 →P.231

2 オブジェクトの依存関係を確認できる。 →P.233

3 レポートをPDFファイルとして作成できる。 →P.236

4 テンプレートを利用してデータベースを作成できる。 →P.238

Step 1 ナビゲーションフォームを作成する

1 ナビゲーションフォーム

「ナビゲーションフォーム」とは、既存のフォームやレポートを瞬時に表示するためのフォームのことです。ナビゲーションといわれる領域に登録したフォーム名やレポート名をクリックするだけで、ナビゲーションフォーム内にフォームやレポートが表示されます。フォームやレポートを切り替えながら作業するときに効率的です。

●ナビゲーションフォーム

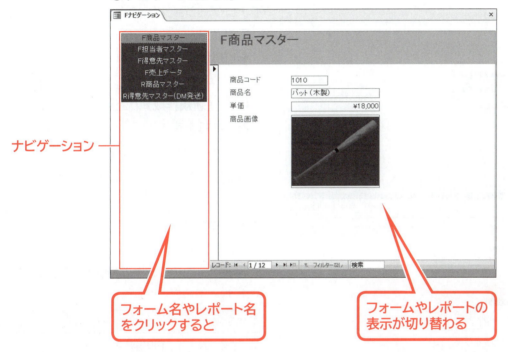

ナビゲーション ─ フォーム名やレポート名をクリックすると／フォームやレポートの表示が切り替わる

2 作成するナビゲーションフォームの確認

次のようなフォーム「Fナビゲーション」を作成しましょう。

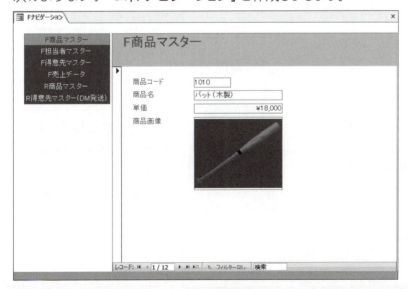

3 ナビゲーションフォームの作成

ナビゲーションを左に配置するフォーム「Fナビゲーション」を作成しましょう。

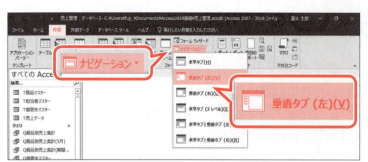

①《作成》タブを選択します。
②《フォーム》グループの ナビゲーション ▼（ナビゲーション）をクリックします。
③《垂直タブ（左）》をクリックします。
※《フィールドリスト》が表示される場合は、✕（閉じる）をクリックして閉じておきましょう。

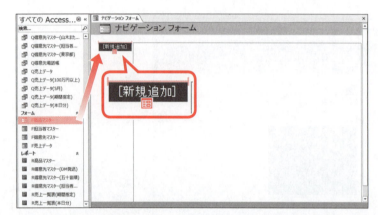

④ナビゲーションウィンドウのフォーム「F商品マスター」をナビゲーションフォームの《新規追加》にドラッグします。
ドラッグ中、マウスポインターの形が 国 に変わり、《新規作成》の上部に目印となる線が表示されます。

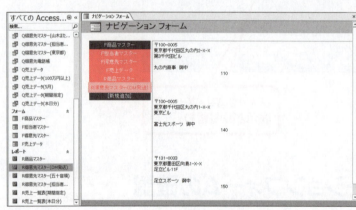

「F商品マスター」がナビゲーションフォームに追加されます。
⑤同様に、次のフォームとレポートを追加します。

オブジェクト	フォーム/レポート
フォーム	F担当者マスター
〃	F得意先マスター
〃	F売上データ
レポート	R商品マスター
〃	R得意先マスター（DM発送）

タイトルを削除します。
⑥「ナビゲーションフォーム」ラベルを選択します。
⑦ Delete を押します。
「ナビゲーションフォーム」ラベルが削除されます。
⑧同様に、タイトルのアイコンを削除します。

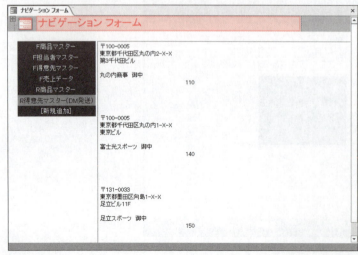

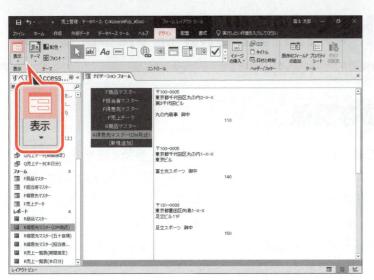

フォームビューで確認します。
⑨《デザイン》タブを選択します。
※《ホーム》タブでもかまいません。
⑩《表示》グループの (表示)をクリックします。

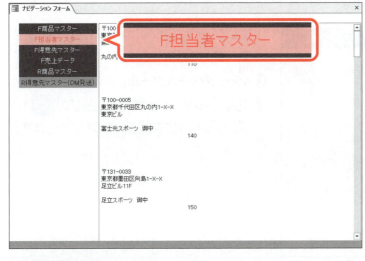

⑪ナビゲーションの「F担当者マスター」をクリックします。

フォーム「F担当者マスター」が表示されます。
⑫同様に、ほかのフォームとレポートを表示します。

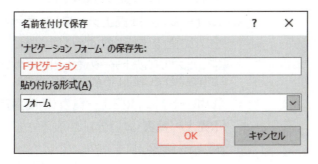

作成したフォームを保存します。
⑬ F12 を押します。
《名前を付けて保存》ダイアログボックスが表示されます。
⑭《'ナビゲーションフォーム'の保存先》に「Fナビゲーション」と入力します。
⑮《OK》をクリックします。
※フォームを閉じておきましょう。

Step2 オブジェクトの依存関係を確認する

1 オブジェクトの依存関係

「オブジェクトの依存関係」を使うと、オブジェクト間の依存関係を参照できます。オブジェクトをもとにしてどんなオブジェクトが作成されているか、そのオブジェクトはどのオブジェクトをもとに作成したかなどを確認できます。

オブジェクトを削除するとき、事前にオブジェクトの依存関係を参照すると、そのオブジェクトが関連しているほかのオブジェクトが確認できるので、誤って必要なオブジェクトを削除してしまうといったミスを防止できます。

オブジェクトの依存関係を確認しましょう。

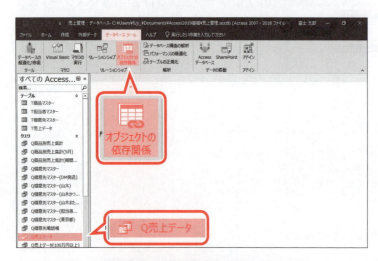

①ナビゲーションウィンドウのクエリ「Q売上データ」を選択します。

②《データベースツール》タブを選択します。

③《リレーションシップ》グループの (オブジェクトの依存関係)をクリックします。

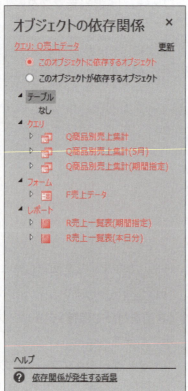

《オブジェクトの依存関係》が表示されます。

④「クエリ:Q売上データ」と表示されていることを確認します。

⑤《このオブジェクトに依存するオブジェクト》を◉にします。

⑥《クエリ》に「Q商品別売上集計」「Q商品別売上集計(5月)」「Q商品別売上集計(期間指定)」が表示されていることを確認します。

※クエリ名が見えない場合は、《オブジェクトの依存関係》の左側の境界線を左方向にドラッグします。
※選択したクエリ「Q売上データ」をもとに、これらのクエリが作成されているという意味です。

⑦《フォーム》に「F売上データ」が表示されていることを確認します。

※選択したクエリ「Q売上データ」をもとに、このフォームが作成されているという意味です。

⑧《レポート》に「R売上一覧表(期間指定)」「R売上一覧表(本日分)」が表示されていることを確認します。

※これらのレポートは、選択したクエリ「Q売上データ」を編集して作成したクエリをもとに作成されているため、一覧に表示されています。

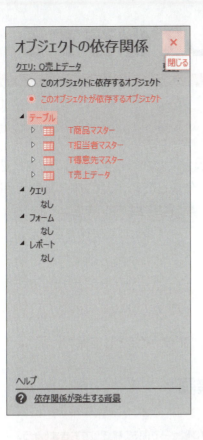

⑨《このオブジェクトが依存するオブジェクト》を◉にします。

⑩《テーブル》に「T商品マスター」「T担当者マスター」「T得意先マスター」「T売上データ」が表示されていることを確認します。

※選択したクエリ「Q売上データ」が、これらのテーブルをもとに作成されているという意味です。

《オブジェクトの依存関係》を閉じます。

⑪ × （閉じる）をクリックします。

STEP UP オブジェクトの依存関係

《オブジェクトの依存関係》で▷をクリックすると、さらに深い階層の依存関係や、リレーションシップを作成したテーブルなどを参照できます。

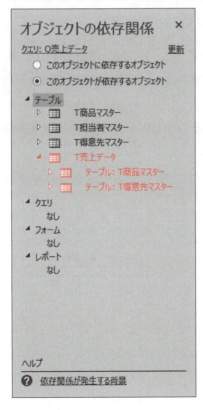

Step3 PDFファイルとして保存する

1 PDFファイル

「PDFファイル」とは、パソコンの機種や環境にかかわらず、もとのアプリで作成したとおりに正確に表示できるファイル形式です。作成したアプリがなくても表示用のアプリがあればファイルを表示できるので、閲覧用によく利用されています。
Accessでは、作成したオブジェクトをPDFファイルとして保存できます。

2 PDFファイルの作成

レポート「R得意先マスター(五十音順)」をPDFファイルとして保存しましょう。

1 もとになるオブジェクトの確認

もとになるオブジェクトを確認しましょう。
※レポート「R得意先マスター(五十音順)」を印刷プレビューで開き、確認しておきましょう。
※レポートを閉じておきましょう。

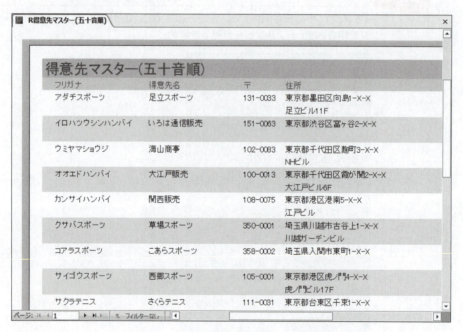

2 PDFファイルの作成

レポート「R得意先マスター(五十音順)」をPDFファイル「R得意先マスター(五十音順).pdf」としてフォルダー「Access2019基礎」に保存しましょう。

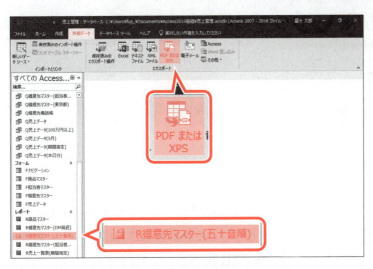

①ナビゲーションウィンドウのレポート「R得意先マスター(五十音順)」を選択します。
②《外部データ》タブを選択します。
③《エクスポート》グループの (PDFまたはXPS)をクリックします。

《PDFまたはXPS形式で発行》ダイアログボックスが表示されます。
PDFファイルを保存する場所を指定します。
④《ドキュメント》が開かれていることを確認します。
※《ドキュメント》が開かれていない場合は、《PC》→《ドキュメント》を選択します。
⑤一覧から「Access2019基礎」を選択します。
⑥《開く》をクリックします。
⑦《ファイル名》が「R得意先マスター(五十音順).pdf」になっていることを確認します。
⑧《ファイルの種類》が《PDF(*.pdf)》になっていることを確認します。
⑨《発行後にファイルを開く》を☑にします。
⑩《発行》をクリックします。

PDFファイルが作成されます。
PDFを表示するアプリが起動し、PDFファイルが開かれます。

PDFファイルを閉じます。

⑪ ×（閉じる）をクリックします。

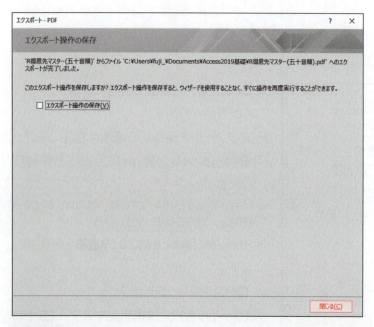

Accessに戻り、《エクスポート-PDF》ダイアログボックスが表示されます。

⑫《閉じる》をクリックします。

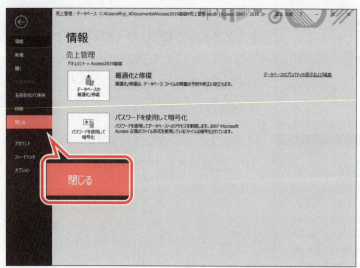

データベースを閉じます。

⑬《ファイル》タブを選択します。

⑭《閉じる》をクリックします。

Step4 テンプレートを利用する

1 テンプレートの利用

「**テンプレート**」とは、あらかじめ必要なテーブル、クエリ、フォーム、レポートなどがすでに用意されているデータベースのひな型のことです。
インターネット上には、資産管理や連絡先など、データベースの内容に合わせて様々なテンプレートが用意されているので、テンプレートを利用すると効率よくデータベースを作成できます。
※インターネットに接続できる環境が必要です。
※設定する項目名が一覧にない場合は、任意の項目を選択してください。

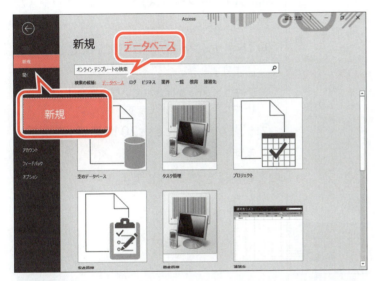

①《**ファイル**》タブを選択します。
②《**新規**》をクリックします。
③《**検索の候補**》の《**データベース**》をクリックします。

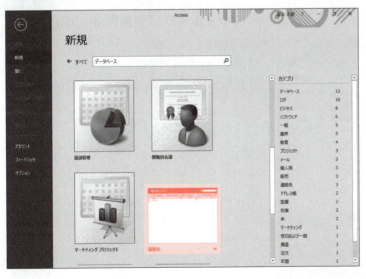

④《**連絡先**》をクリックします。
※一覧に表示されていない場合は、スクロールして調整します。

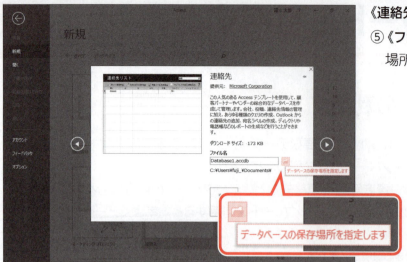

《連絡先》が表示されます。

⑤《ファイル名》の （データベースの保存場所を指定します）をクリックします。

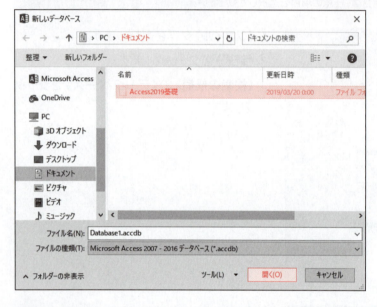

《新しいデータベース》ダイアログボックスが表示されます。

⑥《ドキュメント》が開かれていることを確認します。

※《ドキュメント》が開かれていない場合は、《PC》→《ドキュメント》を選択します。

⑦一覧から「Access2019基礎」を選択します。

⑧《開く》をクリックします。

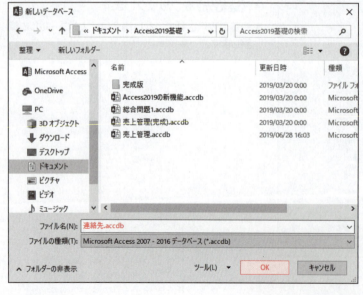

⑨《ファイル名》に「連絡先.accdb」と入力します。

※「.accdb」は省略できます。

⑩《OK》をクリックします。

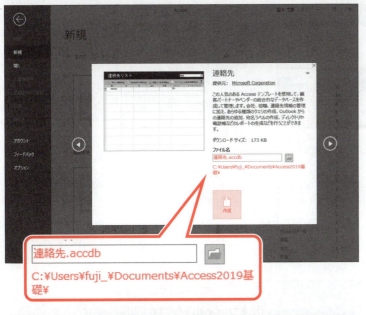

《連絡先》に戻ります。

⑪《ファイル名》に「連絡先.accdb」と表示されていることを確認します。

⑫《ファイル名》の下に「C:¥Users¥(ユーザー名)¥Documents¥Access2019基礎¥」と表示されていることを確認します。

⑬《作成》をクリックします。

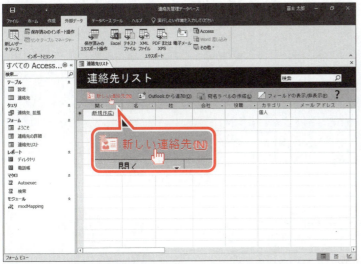

《連絡先》テンプレートをもとに、必要なテーブル、クエリ、フォーム、レポートなどが自動的に作成されたデータベース「連絡先.accdb」が表示されます。

フォームの内容を確認します。

⑭《セキュリティの警告》メッセージバーの《コンテンツの有効化》をクリックします。

※《ようこそ》が表示された場合は、 ×（閉じる）をクリックして閉じておきましょう。

⑮《新しい連絡先》をポイントします。

マウスポインターの形が 👆 に変わります。

⑯ クリックします。

⑰ フォーム「連絡先の詳細」が表示されます。

フォーム「連絡先の詳細」を閉じます。

⑱《閉じる》をポイントします。

マウスポインターの形が 👆 に変わります。

⑲ クリックします。

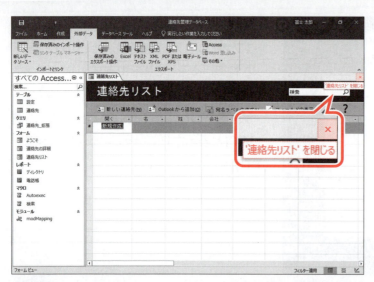

フォームを閉じます。

⑳ × （'連絡先リスト'を閉じる）をクリックします。

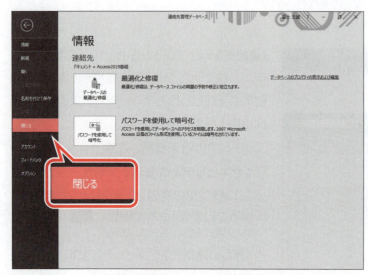

データベースを閉じます。

㉑《ファイル》タブを選択します。
㉒《閉じる》をクリックします。

STEP UP　テンプレートの検索

キーワードを入力してテンプレートを検索することができます。
テンプレートを検索する方法は、次のとおりです。

◆《ファイル》タブ→《新規》→《オンラインテンプレートの検索》にキーワードを入力→（検索の開始）

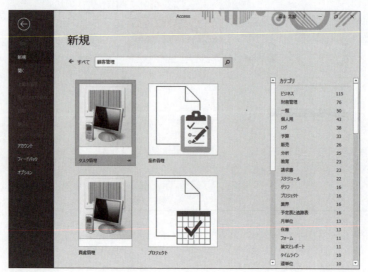

総合問題

Exercise

総合問題1　経費管理データベースの作成　……………… 243
総合問題2　受注管理データベースの作成　……………… 256

総合問題1

経費管理データベースの作成

解答 ▶ 別冊P.1

経費の使用状況を管理するデータベースを作成しましょう。

●目的
ある企業を例に、次のデータを管理します。

- ●費用項目に関するデータ（項目コード、項目名、費用コード）
- ●費用分類に関するデータ（費用コード、費用名）
- ●部署に関するデータ（部署コード、部署名）
- ●経費使用状況に関するデータ（入力日、部署コード、項目コード、金額、備考など）

●テーブルの設計
次の4つのテーブルに分類して、データを格納します。

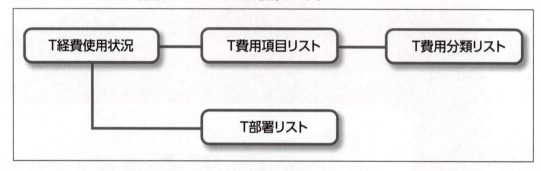

データベース「総合問題1.accdb」を開いておきましょう。
また、《セキュリティの警告》メッセージバーの《コンテンツの有効化》をクリックしておきましょう。

1 テーブルの作成

●T経費使用状況

番号	入力日	部署コード	項目コード	金額	備考	処理済
1	2019/04/01	100	K01	¥13,500		☑
2	2019/04/01	200	K01	¥6,900		☑
3	2019/04/02	400	K09	¥28,700		☑
4	2019/04/02	400	K12	¥7,000	海山商事様 事務所開所祝い（花輪）	☑
5	2019/04/02	500	K01	¥89,400		☑
6	2019/04/03	600	K01	¥35,600		☑
7	2019/04/03	400	K06	¥37,200		☑
8	2019/04/04	200	K07	¥16,000		☑
9	2019/04/04	200	K05	¥3,300		☑
10	2019/04/04	700	K11	¥24,000		☑
11	2019/04/05	300	K01	¥2,800		☑
12	2019/04/05	400	K01	¥700		☑
13	2019/04/05	500	K01	¥700		☑
14	2019/04/08	500	K01	¥500		☑
15	2019/04/09	600	K02	¥24,600	人員増加のため、デスク・椅子購入	☑
16	2019/04/09	600	K02	¥16,800	人員増加のため、ロッカー購入	☑
17	2019/04/09	200	K01	¥6,800		☑
18	2019/04/09	700	K05	¥1,800		☑
19	2019/04/09	700	K12	¥90,000		☑
20	2019/04/10	100	K07	¥8,000		☑
21	2019/04/11	400	K07	¥7,000		☑
22	2019/04/11	600	K12	¥35,000		☑
23	2019/04/12	200	K12	¥10,000		☑
24	2019/04/12	400	K01	¥1,500		☑
25	2019/04/15	500	K05	¥1,800		☑
26	2019/04/15	700	K01	¥600		☑
27	2019/04/15	400	K12	¥12,000		☑
28	2019/04/15	400	K12	¥16,000		☑
29	2019/04/16	600	K11	¥46,900		

① テーブルを作成しましょう。デザインビューで、次のようにフィールドを設定します。

主キー	フィールド名	データ型	フィールドサイズ
○	番号	オートナンバー型	
	入力日	日付/時刻型	
	部署コード	短いテキスト	3
	項目コード	短いテキスト	3
	金額	通貨型	
	備考	長いテキスト	
	処理済	Yes/No型	

② 作成したテーブルに「**T経費使用状況**」と名前を付けて保存しましょう。
※テーブルを閉じておきましょう。

③ Excelファイル「**支出状況.xlsx**」のデータを、テーブル「**T経費使用状況**」にインポートしましょう。
※テーブル「T経費使用状況」をデータシートビューで開いて、結果を確認しましょう。また、各フィールドの列幅を調整し、上書き保存しておきましょう。
※テーブルを閉じておきましょう。

●リレーションシップウィンドウ

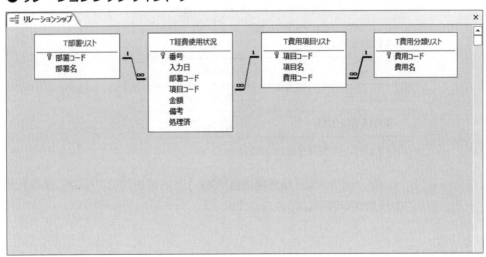

④ 次のようにリレーションシップを作成しましょう。

主テーブル	関連テーブル	共通フィールド	参照整合性
T部署リスト	T経費使用状況	部署コード	あり
T費用項目リスト	T経費使用状況	項目コード	あり
T費用分類リスト	T費用項目リスト	費用コード	あり

※リレーションシップウィンドウのレイアウトを上書き保存し、閉じておきましょう。

2 クエリの作成

●Q費用項目リスト

項目コード	項目名	費用コード	費用名
K01	事務用品	H0001	消耗品費
K02	什器	H0001	消耗品費
K03	定期購読料(新聞)	H0002	図書費
K04	定期購読料(雑誌)	H0002	図書費
K05	書籍	H0002	図書費
K06	新聞掲載	H0003	宣伝広告費
K07	郵便	H0003	宣伝広告費
K08	印刷	H0003	宣伝広告費
K09	電話	H0004	通信費
K10	携帯電話	H0004	通信費
K11	接待	H0005	交際費
K12	進物	H0005	交際費
K13	ファックス	H0006	雑費
K14	パソコン	H0006	雑費
K15	コピー	H0006	雑費

⑤ テーブル「**T費用項目リスト**」とテーブル「**T費用分類リスト**」をもとに、クエリを作成しましょう。

次の順番でフィールドをデザイングリッドに登録します。

テーブル	フィールド
T費用項目リスト	項目コード
〃	項目名
〃	費用コード
T費用分類リスト	費用名

※クエリを実行して、結果を確認しましょう。

⑥ 作成したクエリに「**Q費用項目リスト**」と名前を付けて保存しましょう。
※クエリを閉じておきましょう。

●Q経費使用状況

⑦「T経費使用状況」「T費用項目リスト」「T費用分類リスト」「T部署リスト」の4つのテーブルをもとに、クエリを作成しましょう。次の順番でフィールドをデザイングリッドに登録します。

テーブル	フィールド
T経費使用状況	番号
〃	入力日
〃	部署コード
T部署リスト	部署名
T経費使用状況	項目コード
T費用項目リスト	項目名
〃	費用コード
T費用分類リスト	費用名
T経費使用状況	金額
〃	備考
〃	処理済

⑧「番号」フィールドを基準に昇順で並び替わるように設定しましょう。
※クエリを実行して、結果を確認しましょう。

⑨ 作成したクエリに「Q経費使用状況」と名前を付けて保存しましょう。
※クエリを閉じておきましょう。

●Q経費使用状況(未処理分)

⑩ クエリ「**Q経費使用状況**」をデザインビューで開いて編集しましょう。未処理のレコードを抽出するように設定します。
※クエリを実行して、結果を確認しましょう。

⑪ 編集したクエリに「**Q経費使用状況(未処理分)**」と名前を付けて保存しましょう。
※クエリを閉じておきましょう。

●Q経費使用状況(税込金額)

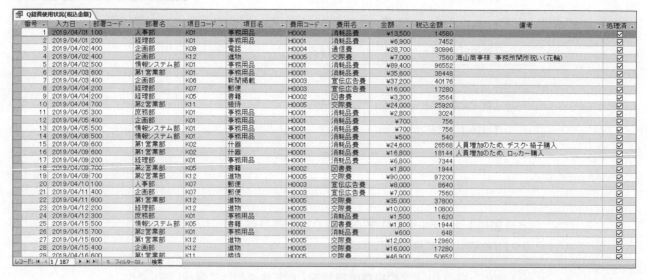

⑫ クエリ「Q経費使用状況」をデザインビューで開いて編集しましょう。「金額」フィールドの右に「税込金額」フィールドを作成し、「金額×1.08」を表示します。

> **Hint!** デザイングリッドにフィールドを挿入するには、《デザイン》タブの《クエリ設定》グループの 列の挿入 を使います。

※クエリを実行して、結果を確認しましょう。

⑬ 編集したクエリに「Q経費使用状況(税込金額)」と名前を付けて保存しましょう。
※クエリを閉じておきましょう。

●Q経費使用状況(部署指定)

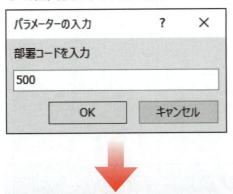

⑭ クエリ「Q経費使用状況」をデザインビューで開いて編集しましょう。クエリを実行するたびに次のメッセージを表示させ、指定した部署のレコードを抽出するように設定します。

> 部署コードを入力

※クエリを実行して、結果を確認しましょう。任意の部署コードを指定します。部署コードには百単位で「100」～「700」のデータがあります。

⑮ 編集したクエリに「Q経費使用状況(部署指定)」と名前を付けて保存しましょう。
※クエリを閉じておきましょう。

●Q経費使用状況(期間指定)

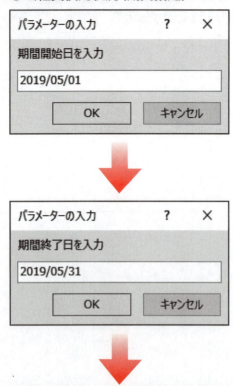

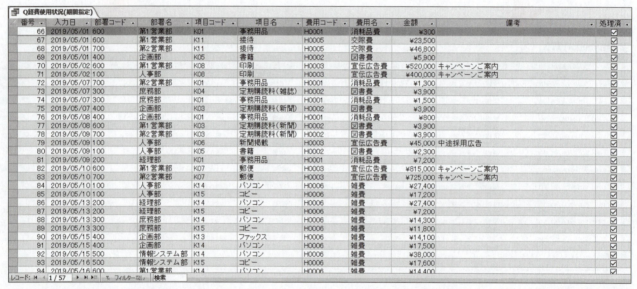

⑯ クエリ「Q経費使用状況」をデザインビューで開いて編集しましょう。クエリを実行するたびに次のメッセージを表示させ、指定した入力日のレコードを抽出するように設定します。

> 期間開始日を入力
> 期間終了日を入力

※クエリを実行して、結果を確認しましょう。任意の期間を指定します。入力日には「2019/04/01」～「2019/06/28」のデータがあります。

⑰ 編集したクエリに「Q経費使用状況(期間指定)」と名前を付けて保存しましょう。
※クエリを閉じておきましょう。

●Q費用項目別集計

項目コード	項目名	金額の合計
K01	事務用品	¥205,200
K02	什器	¥143,000
K03	定期購読料(新聞)	¥32,900
K04	定期購読料(雑誌)	¥7,100
K05	書籍	¥27,700
K06	新聞掲載	¥336,800
K07	郵便	¥1,646,000
K08	印刷	¥1,533,100
K09	電話	¥364,400
K10	携帯電話	¥323,300
K11	接待	¥524,000
K12	進物	¥242,000
K13	ファックス	¥189,900
K14	パソコン	¥1,481,800
K15	コピー	¥256,400

⑱ クエリ「**Q経費使用状況**」をもとに、クエリを作成しましょう。次の順番でフィールドをデザイングリッドに登録します。

クエリ	フィールド
Q経費使用状況	項目コード
〃	項目名
〃	金額

⑲ 作成したクエリに集計行を追加しましょう。「**項目コード**」ごとに、「**金額**」を合計します。
※クエリを実行して、結果を確認しましょう。

⑳ 作成したクエリに「**Q費用項目別集計**」と名前を付けて保存しましょう。
※クエリを閉じておきましょう。

●Q費用分類別集計(期間指定)

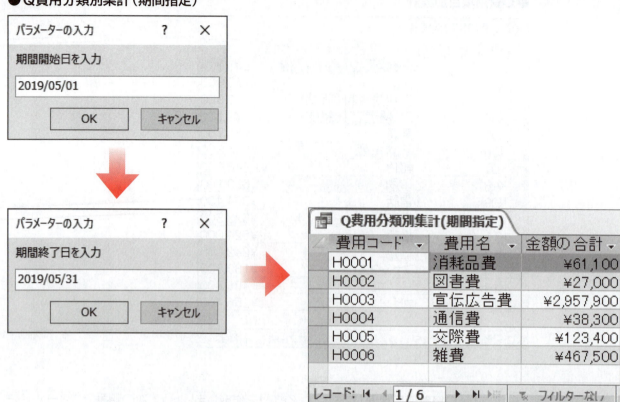

㉑ クエリ「**Q経費使用状況**」をもとに、クエリを作成しましょう。次の順番でフィールドをデザイングリッドに登録します。

クエリ	フィールド
Q経費使用状況	費用コード
〃	費用名
〃	金額

㉒ 作成したクエリに集計行を追加しましょう。「**費用コード**」ごとに、「**金額**」を合計します。

㉓ クエリを実行するたびに次のメッセージを表示させ、指定した入力日のレコードを抽出するように設定しましょう。

```
期間開始日を入力
期間終了日を入力
```

※クエリを実行して、結果を確認しましょう。任意の期間を指定します。入力日には「2019/04/01」～「2019/06/28」のデータがあります。

㉔ 作成したクエリに「**Q費用分類別集計(期間指定)**」と名前を付けて保存しましょう。
※クエリを閉じておきましょう。

3 フォームの作成

●F経費入力

[F経費入力フォーム画面]
- 番号: 188
- 入力日: 2019/06/28
- 部署コード: 200
- 部署名: 経理部
- 項目コード: K01
- 項目名: 事務用品
- 費用コード: H0001
- 費用名: 消耗品費
- 金額: ¥2,500
- 備考: 文房具
- 処理済: □

㉕ フォームウィザードを使って、フォームを作成しましょう。次のように設定し、それ以外は既定のままとします。

```
もとになるクエリ : Q経費使用状況
フィールド       : すべてのフィールド
レイアウト       : 単票形式
フォーム名       : F経費入力
```

㉖ レイアウトビューを使って、「**入力日**」テキストボックスのサイズを調整しましょう。

㉗ 次のテキストボックスの《**使用可能**》プロパティを《**いいえ**》、《**編集ロック**》プロパティを《**はい**》に設定しましょう。

| 番号 | 部署名 | 項目名 | 費用コード | 費用名 |

㉘ 次のレコードを入力しましょう。

```
入力日      : 2019/06/28
部署コード  : 200
項目コード  : K01
金額        : 2500
備考        : 文房具
処理済      : □
```

※英数字は半角で入力します。
※フォームを上書き保存し、閉じておきましょう。

4 レポートの作成

●R経費使用状況

経費使用状況								
番号	入力日	部署コード	部署名	項目コード	項目名	費用コード	費用名	金額
1	2019/04/01	100	人事部	K01	事務用品	H0001	消耗品費	¥13,500
2	2019/04/01	200	経理部	K01	事務用品	H0001	消耗品費	¥6,900
3	2019/04/02	400	企画部	K09	電話	H0004	通信費	¥28,700
4	2019/04/02	400	企画部	K12	進物	H0005	交際費	¥7,000
5	2019/04/02	500	情報システム部	K01	事務用品	H0001	消耗品費	¥89,400
6	2019/04/03	600	第1営業部	K01	事務用品	H0001	消耗品費	¥35,600
7	2019/04/03	400	企画部	K06	新聞掲載	H0003	宣伝広告費	¥37,200
8	2019/04/04	200	経理部	K07	郵便	H0003	宣伝広告費	¥16,000
9	2019/04/04	200	経理部	K05	書籍	H0002	図書費	¥3,300
10	2019/04/04	700	第2営業部	K11	接待	H0005	交際費	¥24,000
11	2019/04/05	300	庶務部	K01	事務用品	H0001	消耗品費	¥2,800
12	2019/04/05	400	企画部	K01	事務用品	H0001	消耗品費	¥700
13	2019/04/05	500	情報システム部	K01	事務用品	H0001	消耗品費	¥700
14	2019/04/08	500	情報システム部	K01	事務用品	H0001	消耗品費	¥500
15	2019/04/09	600	第1営業部	K02	什器	H0001	消耗品費	¥24,600
16	2019/04/09	600	第1営業部	K02	什器	H0001	消耗品費	¥16,800
17	2019/04/09	200	経理部	K01	事務用品	H0001	消耗品費	¥6,800
18	2019/04/09	700	第2営業部	K05	書籍	H0002	図書費	¥1,800
19	2019/04/09	700	第2営業部	K12	進物	H0005	交際費	¥90,000
20	2019/04/10	100	人事部	K07	郵便	H0003	宣伝広告費	¥8,000
21	2019/04/11	400	企画部	K07	郵便	H0003	宣伝広告費	¥7,000
22	2019/04/11	600	第1営業部	K12	進物	H0005	交際費	¥35,000
23	2019/04/12	200	経理部	K12	進物	H0005	交際費	¥10,000
24	2019/04/12	300	庶務部	K01	事務用品	H0001	消耗品費	¥1,500
25	2019/04/15	500	情報システム部	K05	書籍	H0002	図書費	¥1,800
26	2019/04/15	700	第2営業部	K01	事務用品	H0001	消耗品費	¥600
27	2019/04/15	600	第1営業部	K12	進物	H0005	交際費	¥12,000
28	2019/04/15	400	企画部	K12	進物	H0005	交際費	¥16,000

2019年6月28日　　　　　　　　　　　　　　　　　　　　　　　　　　　　　1/7 ページ

㉙ レポートウィザードを使って、レポートを作成しましょう。次のように設定し、それ以外は既定のままとします。

```
もとになるクエリ ：Q経費使用状況
フィールド      ：「備考」「処理済」以外のフィールド
レイアウト      ：表形式
印刷の向き      ：横
レポート名      ：R経費使用状況
```

㉚ レイアウトビューを使って、レポートのタイトルを「**経費使用状況**」に変更しましょう。

※各コントロールのサイズと配置を調整しておきましょう。
※印刷プレビューに切り替えて、結果を確認しましょう。
※レポートを上書き保存し、閉じておきましょう。

●R経費使用状況(部署指定)

パラメーターの入力

部署コードを入力

500

OK　　キャンセル

経費使用状況		部署コード 500	部署名 情報システム部	
入力日	費用コード	費用名		金額
2019/04/02	H0001	消耗品費		¥89,400
2019/04/05	H0001	消耗品費		¥700
2019/04/08	H0001	消耗品費		¥500
2019/04/15	H0002	図書費		¥1,800
2019/04/22	H0006	雑費		¥120,000
2019/04/22	H0006	雑費		¥8,500
2019/04/23	H0006	雑費		¥6,100
2019/04/30	H0002	図書費		¥800
2019/05/15	H0006	雑費		¥38,000
2019/05/16	H0006	雑費		¥17,600
2019/05/21	H0006	雑費		¥5,800
2019/05/22	H0002	図書費		¥2,000
2019/05/30	H0001	消耗品費		¥12,000
2019/05/30	H0005	交際費		¥5,000
2019/05/31	H0003	宣伝広告費		¥8,000
2019/06/10	H0006	雑費		¥135,000
2019/06/11	H0006	雑費		¥8,500
2019/06/11	H0001	消耗品費		¥700
2019/06/11	H0006	雑費		¥6,400
2019/06/18	H0002	図書費		¥800
2019/06/27	H0004	通信費		¥13,100
2019/06/27	H0004	通信費		¥34,400

2019年6月28日　　　　　　　　　　　　　　　　　1/1 ページ

㉛ レポートウィザードを使って、レポートを作成しましょう。次のように設定し、それ以外は既定のままとします。

もとになるクエリ	：Q経費使用状況（部署指定）
フィールド	：「入力日」「部署コード」「部署名」「費用コード」「費用名」「金額」
並べ替え	：「入力日」フィールドの昇順
レイアウト	：表形式
印刷の向き	：縦
レポート名	：R経費使用状況（部署指定）

※レポート作成後、クエリが実行されます。任意の部署コードを指定します。部署コードには百単位で「100」～「700」のデータがあります。

㉜ レイアウトビューを使って、レポートのタイトルを「**経費使用状況**」に変更しましょう。
※各コントロールのサイズと配置を調整しておきましょう。

㉝ デザインビューを使って、次のコントロールを《レポートヘッダー》セクションに移動しましょう。

《ページヘッダー》セクションの「部署コード」ラベルと「部署名」ラベル
《詳細》セクションの「部署コード」テキストボックスと「部署名」テキストボックス

※各コントロールのサイズと配置を調整しておきましょう。
※印刷プレビューに切り替えて、結果を確認しましょう。任意の部署コードを指定します。部署コードには百単位で「100」～「700」のデータがあります。
※レポートを上書き保存し、閉じておきましょう。
※データベース「総合問題1.accdb」を閉じておきましょう。

総合問題2 受注管理データベースの作成

解答 ▶ 別冊P.6

商品の受注内容を管理するデータベースを作成しましょう。

●目的
ある贈答品の販売業者を例に、次のデータを管理します。

- ●商品に関するデータ（商品コード、商品名、分類コード、価格）
- ●商品の分類に関するデータ（分類コード、分類名）
- ●顧客に関するデータ（顧客コード、顧客名、担当部署、担当者名、郵便番号、住所など）
- ●受注に関するデータ（受注日、顧客コード、商品コード、数量など）

●テーブルの設計
次の4つのテーブルに分類して、データを格納します。

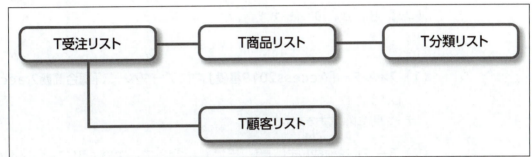

1 テーブルの作成

●T分類リスト

分類コード	分類名
A001	商品券
A002	カタログ
A011	ハム
A012	フルーツ
A013	菓子
A014	缶詰
A021	茶
A022	ジュース
A023	酒類
A031	寝具

① フォルダー「**Access2019基礎**」内にデータベース「**総合問題2.accdb**」を作成しましょう。

※テーブル1を閉じておきましょう。

② テーブルを作成しましょう。デザインビューで、次のようにフィールドを設定します。

主キー	フィールド名	データ型	フィールドサイズ
○	分類コード	短いテキスト	4
	分類名	短いテキスト	20

③ テーブルに「**T分類リスト**」と名前を付けて保存しましょう。

④ データシートビューに切り替えて、次のレコードを入力しましょう。

分類コード	分類名
A001	商品券
A002	カタログ
A011	ハム
A012	フルーツ
A013	菓子
A014	缶詰
A021	茶
A022	ジュース
A023	酒類
A031	寝具

※英数字は半角で入力します。
※テーブルを閉じておきましょう。

● T商品リスト

商品コード	商品名	分類コード	価格
1001	商品券1000	A001	¥1,000
1002	健康野菜ジュースセット	A022	¥3,000
1003	ハム詰合せ	A011	¥3,000
1004	フルーツジュース詰合せ	A022	¥4,500
1005	無農薬野菜ジュースセット	A022	¥4,500
2001	コットンシーツ	A031	¥5,000
2002	ホテルアイスクリームセット	A013	¥5,000
2003	クッキー詰合せ	A013	¥5,000
2004	静岡煎茶	A021	¥5,000
2005	フルーツ詰合せ	A012	¥5,000
2006	産地直送グルメカタログA	A002	¥5,000
2007	シャーベット・アイスクリームセット	A013	¥7,000
2008	タオルケット	A031	¥8,000
2009	ハム・ソーセージ詰合せ	A011	¥8,000
2010	フレッシュフルーツゼリー	A013	¥9,000
3001	羽毛掛け布団	A031	¥10,000
3002	有名シェフのカレーセット	A014	¥10,000
3003	タラバガニ缶詰	A014	¥10,000
3004	静岡銘茶詰合せ	A021	¥10,000
3005	カタログギフトA	A002	¥10,000
3006	商品券10000	A001	¥10,000
3007	赤ワイン	A023	¥15,000
3008	純米大吟醸	A023	¥15,000
3009	ふかひれスープ	A014	¥15,000
3010	全国銘茶セット	A021	¥15,000
3011	産地直送グルメカタログB	A002	¥15,000
4001	カタログギフトB	A002	¥20,000
4002	カタログギフトC	A002	¥20,000
4003	カタログギフトD	A002	¥25,000
4004	赤白ワインセット	A023	¥30,000
			¥0

⑤ テーブルを作成しましょう。デザインビューで、次のようにフィールドを設定します。

主キー	フィールド名	データ型	フィールドサイズ
○	商品コード	短いテキスト	4
	商品名	短いテキスト	50
	分類コード	短いテキスト	4
	価格	通貨型	

⑥ 作成したテーブルに「T商品リスト」と名前を付けて保存しましょう。
※テーブルを閉じておきましょう。

⑦ Excelファイル「**商品リスト.xlsx**」のデータを、テーブル「**T商品リスト**」にインポートしましょう。
※テーブル「T商品リスト」をデータシートビューで開いて、結果を確認しましょう。また、各フィールドの列幅を調整し、上書き保存しておきましょう。
※テーブルを閉じておきましょう。

● T顧客リスト

顧客コード	顧客名	フリガナ	担当部署	担当者名	郵便番号	住所	TEL	DM
G1001	水元企画株式会社	ミズモトキカクカブシキガイシャ	総務部総務課	三田 さやか	125-0031	東京都葛飾区西水元X-X-X	03-3600-XXXX	☑
G1002	株式会社海堂商店	カブシキガイシャカイドウショウテン	営業部	竹井 由美	177-0034	東京都練馬区富士見台X-X-X	03-3990-XXXX	☐
G1003	パイナップル・カフェテラス株式会社	パイナップル・カフェテラスカブシキガイシャ	本部総務課	町井 秀人	223-0064	神奈川県横浜市港北区下田町XX	045-561-XXXX	☑
G1004	泰充建設株式会社	ヤスミツケンセツカブシキガイシャ	CSセンター	三井 正人	155-0033	東京都世田谷区代田X-X-X	03-3320-XXXX	☑
G1005	株式会社ホワイトフラワーズ	カブシキガイシャホワイトフラワーズ	営業部第一営業G	牧野 雅氏	179-0084	東京都練馬区氷川台X-X-X	03-3930-XXXX	☑
G1006	株式会社外岡製作所	カブシキガイシャトノオカセイサクショ	顧客サポート部	須田 翼	252-0331	神奈川県相模原市南区大野台X-X-X	042-755-XXXX	☐
G1007	ヨコハマ電器株式会社	ヨコハマデンキカブシキガイシャ	営業一課	駒の 良子	244-0817	神奈川県横浜市戸塚区吉田町X-X-X	045-871-XXXX	☑
G2001	アリス住宅販売株式会社	アリスジュウタクハンバイカブシキガイシャ	営業部サポート課	長谷部 良	145-0061	東京都大田区石川町X-X-X	03-3720-XXXX	☐
G2002	株式会社一誠堂本舗	カブシキガイシャイッセイドウホンポ	第三営業部顧客サポート課	林 加奈子	221-0013	神奈川県横浜市神奈川区新子安X-X-X	045-438-XXXX	☑
G2003	パリス・フジモトコーポレーション	パリス・フジモトコーポレーション	総務部	中川 輝子	231-0834	神奈川県横浜市中区池袋X-X-X	045-622-XXXX	☑
G2004	株式会社シルキー	カブシキガイシャシルキー	営業本部CS部	山野 真由美	113-0023	東京都文京区向丘X-X-X	03-3813-XXXX	☐
G2005	株式会社SDA	カブシキガイシャSDA	営業企画部推進室	高橋 綾子	167-0053	東京都杉並区西荻南X-X-X	03-3334-XXXX	☑
G2006	プラネットウィズ企画株式会社	プラネットウィズキカクカブシキガイシャ	カスタムサポートG	新井 ゆかり	152-0004	東京都目黒区鷹番X-X-X	03-3715-XXXX	☑
G2007	株式会社遠藤電機商事	カブシキガイシャエンドウデンキショウジ	第二営業部	青葉 明	235-0016	神奈川県横浜市磯子区磯子X-X-X	045-750-XXXX	☐
G2008	株式会社アッシュ	カブシキガイシャアッシュ	総務部	下山 美紀	226-0027	神奈川県横浜市緑区長津田X-X-X	045-981-XXXX	☑
G2009	イチカワ運輸株式会社	イチカワウンユカブシキガイシャ	営業部広報課	清瀬 俊	272-0138	千葉県市川市南行徳X-X-X	047-357-XXXX	☑
G2010	宮澤ラジオ販売株式会社	ミヤザワラジオハンバイカブシキガイシャ	営業部	山脇 栄一	157-0073	東京都世田谷区砧X-X-X	03-3482-XXXX	☑
G3001	株式会社パール・ビューティー	カブシキガイシャパール・ビューティー	第二営業部	小池 弘樹	111-0035	東京都台東区西浅草X-X	03-5246-XXXX	☐
G3002	株式会社ひいらぎ不動産	カブシキガイシャヒイラギドウサン	秘書室	北村 健次郎	278-0052	千葉県野田市春日町X-X	04-7129-XXXX	☑
G3003	光村産業株式会社	ミツムラサンギョウカブシキガイシャ	CS部特別推進室	海江田 幸太郎	157-0062	東京都世田谷区南烏山X-X-X	03-3300-XXXX	☑
G3004	株式会社星野書房	カブシキガイシャホシノユメショボウ	秘書課	森下 順	254-0054	神奈川県平塚市中里X-X	0463-31-XXXX	☐
G3005	竹原興業株式会社	タケハラコウギョウカブシキガイシャ	顧客サポート部	小島 光	336-0022	埼玉県さいたま市南区白幡X-X-X	048-868-XXXX	☑

総合問題

⑧ Excelファイル「**顧客リスト.xlsx**」のデータをインポートし、テーブル「**T顧客リスト**」を作成しましょう。次のように設定し、それ以外は既定のままとします。

先頭行をフィールド名として使う：	はい
主キー：	顧客コード

※テーブル「T顧客リスト」をデータシートビューで開いて、結果を確認しましょう。また、各フィールドの列幅を調整し、上書き保存しておきましょう。
※テーブルを閉じておきましょう。

⑨ デザインビューで、次のように「**T顧客リスト**」のフィールドを設定しましょう。

主キー	フィールド名	データ型	フィールドサイズ
○	顧客コード	短いテキスト	5
	顧客名	短いテキスト	50
	フリガナ	短いテキスト	50
	担当部署	短いテキスト	30
	担当者名	短いテキスト	20
	郵便番号	短いテキスト	8
	住所	短いテキスト	50
	TEL	短いテキスト	13
	DM	Yes/No型	

※テーブルを上書き保存し、データシートビューに切り替えて、結果を確認しましょう。
※フィールドサイズの変更に関するメッセージが表示されたら、《はい》をクリックします。
※テーブルを閉じておきましょう。

●T受注リスト

受注番号	受注日	顧客コード	商品コード	数量
1	2019/01/04	G1001	1002	5
2	2019/01/04	G1002	2003	3
3	2019/01/04	G1002	3001	10
4	2019/01/07	G2002	3007	5
5	2019/01/07	G1004	1005	4
6	2019/01/07	G2003	3001	20
7	2019/01/07	G2009	2009	10
8	2019/01/07	G2004	3002	4
9	2019/01/08	G3001	1002	30
10	2019/01/08	G1006	1003	20
11	2019/01/08	G1002	4001	15
12	2019/01/09	G2003	2009	10
13	2019/01/09	G2003	2002	10
14	2019/01/09	G2005	2001	8
15	2019/01/09	G2005	2003	7
16	2019/01/09	G2005	3001	6
17	2019/01/09	G2002	2001	15
18	2019/01/10	G1002	4001	10
19	2019/01/10	G1004	3011	30
20	2019/01/10	G1005	2006	20
21	2019/01/10	G2003	2003	10
22	2019/01/10	G2003	3003	5
23	2019/01/10	G3005	3006	25
24	2019/01/11	G2004	3009	12
25	2019/01/11	G2002	3003	4
26	2019/01/11	G1007	2003	4
27	2019/01/11	G1001	4002	50
28	2019/01/11	G3005	3004	30
29	2019/01/15	G1007	3007	25

レコード: 1/212 フィルターなし 検索

⑩ テーブルを作成しましょう。デザインビューで、次のようにフィールドを設定します。

主キー	フィールド名	データ型	フィールドサイズ
○	受注番号	オートナンバー型	
	受注日	日付/時刻型	
	顧客コード	短いテキスト	5
	商品コード	短いテキスト	4
	数量	数値型	整数型

⑪ 作成したテーブルに「T受注リスト」と名前を付けて保存しましょう。
※テーブルを閉じておきましょう。

⑫ Excelファイル「受注リスト.xlsx」のデータを、テーブル「T受注リスト」にインポートしましょう。
※テーブル「T受注リスト」をデータシートビューで開いて、結果を確認しましょう。
※テーブルを閉じておきましょう。

●リレーションシップウィンドウ

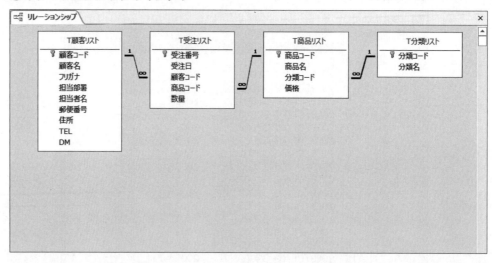

⑬ 次のようにリレーションシップを作成しましょう。

主テーブル	関連テーブル	共通フィールド	参照整合性
T顧客リスト	T受注リスト	顧客コード	あり
T商品リスト	T受注リスト	商品コード	あり
T分類リスト	T商品リスト	分類コード	あり

※リレーションシップウィンドウのレイアウトを上書き保存し、閉じておきましょう。

2 クエリの作成

●Q商品リスト

商品コード	商品名	分類コード	分類名	価格
1001	商品券1000	A001	商品券	¥1,000
1002	健康野菜ジュースセット	A022	ジュース	¥3,000
1003	ハム詰合せ	A011	ハム	¥3,000
1004	フルーツジュース詰合せ	A022	ジュース	¥4,500
1005	無農薬野菜ジュースセット	A022	ジュース	¥4,500
2001	コットンシーツ	A031	寝具	¥5,000
2002	ホテルアイスクリームセット	A013	菓子	¥5,000
2003	クッキー詰合せ	A013	菓子	¥5,000
2004	静岡煎茶	A021	茶	¥5,000
2005	フルーツ詰合せ	A012	フルーツ	¥5,000
2006	産地直送グルメカタログA	A002	カタログ	¥5,000
2007	シャーベット・アイスクリームセット	A013	菓子	¥7,000
2008	タオルケット	A031	寝具	¥8,000
2009	ハム・ソーセージ詰合せ	A011	ハム	¥8,000
2010	フレッシュフルーツゼリー	A013	菓子	¥9,000
3001	羽毛掛け布団	A031	寝具	¥10,000
3002	有名シェフのカレーセット	A014	缶詰	¥10,000
3003	タラバガニ缶詰	A014	缶詰	¥10,000
3004	静岡銘茶詰合せ	A021	茶	¥10,000
3005	カタログギフトA	A002	カタログ	¥10,000
3006	商品券10000	A001	商品券	¥10,000
3007	赤ワイン	A023	酒類	¥15,000
3008	純米大吟醸	A023	酒類	¥15,000
3009	ふかひれスープ	A014	缶詰	¥15,000
3010	全国銘茶セット	A021	茶	¥15,000
3011	産地直送グルメカタログB	A002	カタログ	¥15,000
4001	カタログギフトB	A002	カタログ	¥20,000
4002	カタログギフトC	A002	カタログ	¥20,000
4003	カタログギフトD	A002	カタログ	¥25,000
4004	赤白ワインセット	A023	酒類	¥30,000

⑭ テーブル「T商品リスト」とテーブル「T分類リスト」をもとに、クエリを作成しましょう。
次の順番でフィールドをデザイングリッドに登録します。

テーブル	フィールド
T商品リスト	商品コード
〃	商品名
〃	分類コード
T分類リスト	分類名
T商品リスト	価格

⑮「商品コード」フィールドを基準に昇順で並び替わるように設定しましょう。
※クエリを実行して、結果を確認しましょう。

⑯ 作成したクエリに「Q商品リスト」と名前を付けて保存しましょう。
※クエリを閉じておきましょう。

●Q受注リスト

Q受注リスト

受注番号	受注日	顧客コード	顧客名	TEL	商品コード	商品名	分類コード	分類名	価格	数量	金額
1	2019/01/04	G1001	水元企画株式会社	03-3600-XXXX	1002	健康野菜ジュースセット	A022	ジュース	¥3,000	5	¥15,000
2	2019/01/04	G1002	株式会社海堂商店	03-3990-XXXX	2003	クッキー詰合せ	A013	菓子	¥5,000	3	¥15,000
3	2019/01/04	G1002	株式会社海堂商店	03-3990-XXXX	3001	羽毛掛け布団	A031	寝具	¥10,000	10	¥100,000
4	2019/01/07	G2002	株式会社一誠堂本舗	045-438-XXXX	3007	赤ワイン	A023	酒類	¥15,000	5	¥75,000
5	2019/01/07	G1004	泰充建設株式会社	03-3320-XXXX	1005	無農薬野菜ジュースセット	A022	ジュース	¥4,500	4	¥18,000
6	2019/01/07	G2003	パリス・フジモトコーポレーション	045-622-XXXX	3001	羽毛掛け布団	A031	寝具	¥10,000	20	¥200,000
7	2019/01/07	G2009	イチカワ運輸株式会社	047-357-XXXX	2009	ハム・ソーセージ詰合せ	A011	ハム	¥8,000	10	¥80,000
8	2019/01/07	G2004	株式会社シルキー	03-3813-XXXX	3002	有名シェフのカレーセット	A014	缶詰	¥10,000	4	¥40,000
9	2019/01/08	G3001	株式会社パール・ビューティー	03-5246-XXXX	1002	健康野菜ジュースセット	A022	ジュース	¥3,000	30	¥90,000
10	2019/01/08	G1006	株式会社外岡製作所	042-755-XXXX	1003	ハム詰合せ	A011	ハム	¥3,000	20	¥60,000
11	2019/01/08	G1002	株式会社海堂商店	03-3990-XXXX	4001	カタログギフトB	A002	カタログ	¥20,000	15	¥300,000
12	2019/01/09	G2003	パリス・フジモトコーポレーション	045-622-XXXX	2009	ハム・ソーセージ詰合せ	A011	ハム	¥8,000	10	¥80,000
13	2019/01/09	G2003	パリス・フジモトコーポレーション	045-622-XXXX	2002	ホテルアイスクリームセット	A013	菓子	¥5,000	10	¥50,000
14	2019/01/09	G2005	株式会社SDA	03-3334-XXXX	2001	コットンシーツ	A031	寝具	¥5,000	8	¥40,000
15	2019/01/09	G2005	株式会社SDA	03-3334-XXXX	2003	クッキー詰合せ	A013	菓子	¥5,000	7	¥35,000
16	2019/01/09	G2005	株式会社SDA	03-3334-XXXX	3001	羽毛掛け布団	A031	寝具	¥10,000	6	¥60,000
17	2019/01/09	G2002	株式会社一誠堂本舗	045-438-XXXX	2001	コットンシーツ	A031	寝具	¥5,000	15	¥75,000
18	2019/01/10	G1002	株式会社海堂商店	03-3990-XXXX	4001	カタログギフトB	A002	カタログ	¥20,000	10	¥200,000
19	2019/01/10	G1004	泰充建設株式会社	03-3320-XXXX	3011	産地直送グルメカタログB	A002	カタログ	¥15,000	30	¥450,000
20	2019/01/10	G1005	株式会社ホワイトフラワーズ	03-3930-XXXX	2006	産地直送グルメカタログA	A002	カタログ	¥5,000	20	¥100,000
21	2019/01/10	G2003	パリス・フジモトコーポレーション	045-622-XXXX	2003	クッキー詰合せ	A013	菓子	¥5,000	10	¥50,000
22	2019/01/10	G2003	パリス・フジモトコーポレーション	045-622-XXXX	3003	タラバガニ缶詰	A014	缶詰	¥10,000	5	¥50,000
23	2019/01/10	G3005	竹原興業株式会社	048-868-XXXX	3006	商品券10000	A001	商品券	¥10,000	25	¥250,000
24	2019/01/11	G2004	株式会社シルキー	03-3813-XXXX	3009	ふかひれスープ	A014	缶詰	¥15,000	12	¥180,000
25	2019/01/11	G2002	株式会社一誠堂本舗	045-438-XXXX	3003	タラバガニ缶詰	A014	缶詰	¥10,000	4	¥40,000
26	2019/01/11	G1007	ヨコハマ電器株式会社	045-871-XXXX	2003	クッキー詰合せ	A013	菓子	¥5,000	4	¥20,000
27	2019/01/11	G1001	水元企画株式会社	03-3600-XXXX	4002	カタログギフトC	A002	カタログ	¥20,000	50	¥1,000,000
28	2019/01/11	G3005	竹原興業株式会社	048-868-XXXX	3004	静岡銘茶詰合せ	A021	茶	¥10,000	30	¥300,000
29	2019/01/15	G1007	ヨコハマ電器株式会社	045-871-XXXX	3007	赤ワイン	A023	酒類	¥15,000	25	¥375,000

レコード: 1 / 212 フィルターなし 検索

⑰「**T顧客リスト**」「**T受注リスト**」「**T商品リスト**」「**T分類リスト**」の4つのテーブルをもとに、クエリを作成しましょう。次の順番でフィールドをデザイングリッドに登録します。

テーブル	フィールド
T受注リスト	受注番号
〃	受注日
〃	顧客コード
T顧客リスト	顧客名
〃	TEL
T受注リスト	商品コード
T商品リスト	商品名
〃	分類コード
T分類リスト	分類名
T商品リスト	価格
T受注リスト	数量

⑱「**受注番号**」フィールドを基準に昇順で並び替わるように設定しましょう。

⑲「**数量**」フィールドの右に「**金額**」フィールドを作成し、「**価格×数量**」を表示しましょう。

※クエリを実行して、結果を確認しましょう。

⑳ 作成したクエリに「**Q受注リスト**」と名前を付けて保存しましょう。

※クエリを閉じておきましょう。

●Q大口受注（A001またはA002）

㉑ クエリ「**Q受注リスト**」をデザインビューで開いて編集しましょう。抽出条件を次のように設定します。

> 「分類コード」が「A001」で「数量」が「30以上」
> または
> 「分類コード」が「A002」で「数量」が「30以上」

※クエリを実行して、結果を確認しましょう。

㉒ 編集したクエリに「**Q大口受注（A001またはA002）**」と名前を付けて保存しましょう。
※クエリを閉じておきましょう。

●Q顧客リスト（神奈川県）

㉓ テーブル「**T顧客リスト**」をもとに、クエリを作成しましょう。「**フリガナ**」以外のフィールドをデザイングリッドに登録し、抽出条件を次のように設定します。

> 「住所」が「神奈川県」から始まる

※クエリを実行して、結果を確認しましょう。

㉔ 作成したクエリに「**Q顧客リスト（神奈川県）**」と名前を付けて保存しましょう。
※クエリを閉じておきましょう。

●Q受注リスト（期間指定）

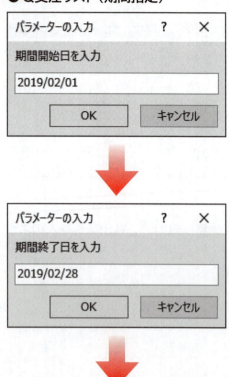

㉕ クエリ「Q受注リスト」をデザインビューで開いて編集しましょう。クエリを実行するたびに次のメッセージを表示させ、指定した受注日のレコードを抽出するように設定します。

> 期間開始日を入力
> 期間終了日を入力

※クエリを実行して、結果を確認しましょう。任意の期間を指定します。受注日には「2019/01/04」～「2019/03/29」のデータがあります。

㉖ 編集したクエリに「Q受注リスト（期間指定）」と名前を付けて保存しましょう。
※クエリを閉じておきましょう。

●Q分類別集計（期間指定）

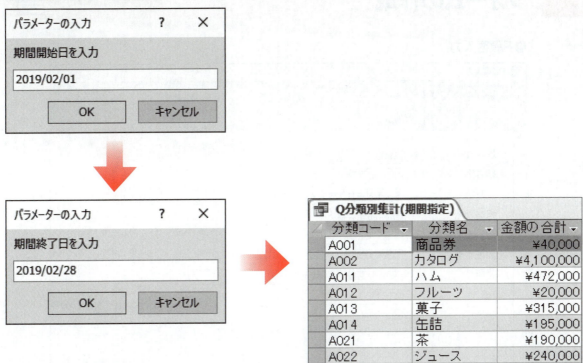

㉗ クエリ「**Q受注リスト**」をもとに、クエリを作成しましょう。次の順番でフィールドをデザイングリッドに登録します。

クエリ	フィールド
Q受注リスト	分類コード
〃	分類名
〃	金額

㉘ 作成したクエリに集計行を追加しましょう。「**分類コード**」ごとに、「**金額**」を合計します。

㉙ クエリを実行するたびに次のメッセージを表示させ、指定した受注日のレコードを抽出するように設定しましょう。

> 期間開始日を入力
> 期間終了日を入力

※クエリを実行して、結果を確認しましょう。任意の期間を指定します。受注日には「2019/01/04」～「2019/03/29」のデータがあります。

㉚ 作成したクエリに「**Q分類別集計（期間指定）**」と名前を付けて保存しましょう。
※クエリを閉じておきましょう。

3 フォームの作成

●F顧客入力

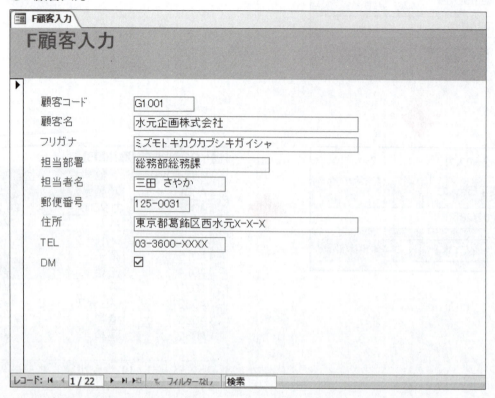

㉛ フォームウィザードを使って、フォームを作成しましょう。次のように設定し、それ以外は既定のままとします。

もとになるテーブル	：T顧客リスト
フィールド	：すべてのフィールド
レイアウト	：単票形式
フォーム名	：F顧客入力

㉜ レイアウトビューを使って、「**顧客名**」「**フリガナ**」「**住所**」「**TEL**」テキストボックスのサイズを調整しましょう。

※フォームビューに切り替えて、結果を確認しましょう。
※フォームを上書き保存し、閉じておきましょう。

●F受注入力

F受注入力

受注番号	213
受注日	2019/03/29
顧客コード	G2007
顧客名	株式会社遠藤電機商事
TEL	045-750-XXXX
商品コード	2005
商品名	フルーツ詰合せ
分類コード	A012
分類名	フルーツ
価格	¥5,000
数量	8
金額	¥40,000

レコード: 213 / 213　フィルターなし　検索

㉝ フォームウィザードを使って、フォームを作成しましょう。次のように設定し、それ以外は既定のままとします。

```
もとになるクエリ ： Q受注リスト
フィールド      ： すべてのフィールド
レイアウト      ： 単票形式
フォーム名      ： F受注入力
```

㉞ レイアウトビューを使って、「**受注日**」「**顧客コード**」「**商品コード**」「**数量**」テキストボックスの背景の色を「**茶**」に変更しましょう。

※設定する項目名が一覧にない場合は、任意の項目を選択してください。

㉟ レイアウトビューを使って、「**受注日**」「**顧客名**」「**TEL**」「**商品名**」「**価格**」「**金額**」テキストボックスのサイズを調整しましょう。

㊱ 次のテキストボックスの《**使用可能**》プロパティを《**いいえ**》、《**編集ロック**》プロパティを《**はい**》に設定しましょう。

```
受注番号　顧客名　TEL　商品名　分類コード　分類名　価格
```

また、「**金額**」テキストボックスの《**編集ロック**》プロパティを《**はい**》に設定しましょう。

㊲ 次のレコードを入力しましょう。

```
受注日     ： 2019/03/29
顧客コード ： G2007
商品コード ： 2005
数量       ： 8
```

※英数字は半角で入力します。
※フォームを上書き保存し、閉じておきましょう。

4 レポートの作成

●R商品リスト

商品リスト				
商品コード	商品名	分類コード	分類名	価格
1001	商品券1000	A001	商品券	¥1,000
1002	健康野菜ジュースセット	A022	ジュース	¥3,000
1003	ハム詰合せ	A011	ハム	¥3,000
1004	フルーツジュース詰合せ	A022	ジュース	¥4,500
1005	無農薬野菜ジュースセット	A022	ジュース	¥4,500
2001	コットンシーツ	A031	寝具	¥5,000
2002	ホテルアイスクリームセット	A013	菓子	¥5,000
2003	クッキー詰合せ	A013	菓子	¥5,000
2004	静岡煎茶	A021	茶	¥5,000
2005	フルーツ詰合せ	A012	フルーツ	¥5,000
2006	産地直送グルメカタログA	A002	カタログ	¥5,000
2007	シャーベット・アイスクリームセット	A013	菓子	¥7,000
2008	タオルケット	A031	寝具	¥8,000
2009	ハム・ソーセージ詰合せ	A011	ハム	¥8,000
2010	フレッシュフルーツゼリー	A013	菓子	¥9,000
3001	羽毛掛け布団	A031	寝具	¥10,000
3002	有名シェフのカレーセット	A014	缶詰	¥10,000
3003	タラバガニ缶詰	A014	缶詰	¥10,000
3004	静岡銘茶詰合せ	A021	茶	¥10,000
3005	カタログギフトA	A002	カタログ	¥10,000
3006	商品券10000	A001	商品券	¥10,000
3007	赤ワイン	A023	酒類	¥15,000
3008	純米大吟醸	A023	酒類	¥15,000
3009	ふかひれスープ	A014	缶詰	¥15,000
3010	全国銘茶セット	A021	茶	¥15,000
3011	産地直送グルメカタログB	A002	カタログ	¥15,000
4001	カタログギフトB	A002	カタログ	¥20,000
4002	カタログギフトC	A002	カタログ	¥20,000
4003	カタログギフトD	A002	カタログ	¥25,000
4004	赤白ワインセット	A023	酒類	¥30,000

2019年3月29日　　　　　　　　　　　　　　　　　　　　　　1/1 ページ

㊳ レポートウィザードを使って、レポートを作成しましょう。次のように設定し、それ以外は既定のままとします。

もとになるクエリ	：Q商品リスト
フィールド	：すべてのフィールド
レイアウト	：表形式
印刷の向き	：縦
レポート名	：R商品リスト

㊴ レイアウトビューを使って、レポートのタイトルを「**商品リスト**」に変更しましょう。
※各コントロールのサイズと配置を調整しておきましょう。
※印刷プレビューに切り替えて、結果を確認しましょう。
※レポートを上書き保存し、閉じておきましょう。

●R受注リスト（期間指定）

㊵ レポートウィザードを使って、レポートを作成しましょう。次のように設定し、それ以外は既定のままとします。

もとになるクエリ	：Q受注リスト（期間指定）
フィールド	：「TEL」「分類コード」「分類名」以外のフィールド
グループレベル	：なし
レイアウト	：表形式
印刷の向き	：横
レポート名	：R受注リスト（期間指定）

※レポート作成後、クエリが実行されます。任意の期間を指定します。受注日には「2019/01/04」～「2019/03/29」のデータがあります。

㊶ レイアウトビューを使って、レポートのタイトルを「**受注リスト(期間指定)**」に変更しましょう。

※各コントロールのサイズを調整しておきましょう。
※印刷プレビューに切り替えて、結果を確認しましょう。
※レポートを上書き保存し、閉じておきましょう。

● R顧客送付用ラベル

```
111-0035                          113-0023
東京都台東区 西浅草X-X-X              東京都文京区向丘X-X-X

株式会社パール・ビューティー        株式会社シルキー
第二営業部                          営業本部CS部
小池 弘樹 様                        山野 真由美 様


125-0031                          145-0061
東京都葛飾区 西水元X-X-X              東京都大田区石川町X-X-X

水元企画株式会社                    アリス住宅販売株式会社
総務部総務課                        営業部サポート課
三田 さやか 様                      長谷部 良 様


152-0004                          155-0033
東京都目黒区 鷹番X-X-X                東京都世田谷区代田X-X-X

プラネットウィズ企画株式会社        泰充建設株式会社
カスタムサポートG                   CSセンター
新井 ゆかり 様                      三井 正人 様


157-0062                          157-0073
東京都世田谷区南烏山X-X-X            東京都世田谷区砧X-X-X

光村産業株式会社                    宮澤ラジオ販売株式会社
CS部特別推進室                      営業部
海江田 幸太郎 様                    山脇 栄一 様
```

㊷ 宛名ラベル用のレポートを作成しましょう。次のように設定し、それ以外は既定のままとします。

※設定する項目名が一覧にない場合は、任意の項目を選択してください。

```
もとになるテーブル : T顧客リスト
メーカー           : Kokuyo
ラベルの種類       : タイ-2161N-w
フォントサイズ     : 10
ラベルのレイアウト : (1行目)「郵便番号」
                    (2行目)「住所」
                    (4行目)「顧客名」
                    (5行目)「担当部署」
                    (6行目)「担当者名」□様

並べ替え           : 郵便番号
レポート名         : R顧客送付用ラベル
```

※□は全角空白を表します。
※レポートを閉じておきましょう。
※データベース「総合問題2.accdb」を閉じておきましょう。
※Accessを終了しておきましょう。

付録

Access 2019の新機能

Step1 新しいグラフを作成する ……………………………… 273

Step 1 新しいグラフを作成する

1 グラフ機能の強化

Access 2019では、レポートまたはフォームで、グラフが簡単に作成できるようになりました。
グラフは、クエリやテーブルをもとに作成できます。グラフはデータを視覚的に表現できるため、データを比較したり傾向を分析したりするのに適しています。
Access 2019には、円・縦棒・横棒・線などの基本のグラフが用意されており、さらに縦棒・横棒・線のグラフには、形状をアレンジしたパターンが複数用意されています。

1 円グラフ

「円グラフ」は、全体に対して各項目がどれくらいの割合を占めるかを表現するときに使います。

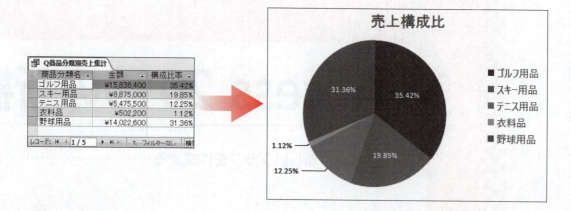

2 縦棒グラフ

「縦棒グラフ」は、ある期間におけるデータの推移を大小関係で表現するときに使います。

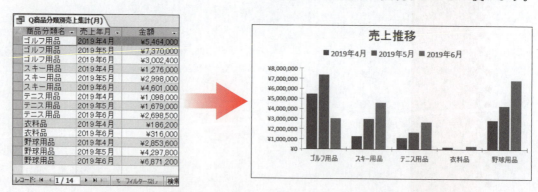

2 円グラフの作成

クエリ「Q商品分類別売上集計」をもとに、商品分類別の売上構成比を表す円グラフをレポート「R商品分類別売上集計」に作成します。
クエリ「Q商品分類別売上集計」は、売上データを商品分類ごとにグループ化し、集計しています。

データベース「Access2019の新機能.accdb」を開いておきましょう。
また、《セキュリティの警告》メッセージバーの《コンテンツの有効化》をクリックしておきましょう。

1 グラフの挿入

レポート「R商品分類別売上集計」に、円グラフを挿入しましょう。
※レポート「R商品分類別売上集計」は、クエリ「Q商品分類別売上集計」をもとに、あらかじめ作成しています。

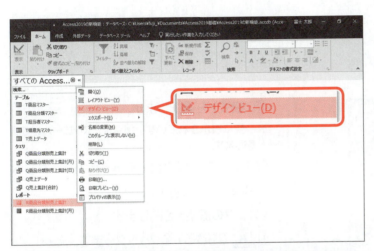

「R商品分類別売上集計」をデザインビューで開きます。
①ナビゲーションウィンドウのレポート「R商品分類別売上集計」を右クリックします。
②《デザインビュー》をクリックします。

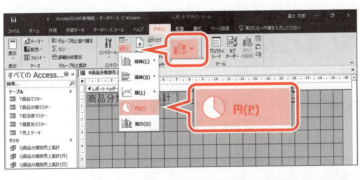

円グラフを挿入します。
③《デザイン》タブを選択します。
④《コントロール》グループの （グラフの挿入）をクリックします。
⑤《円》をクリックします。

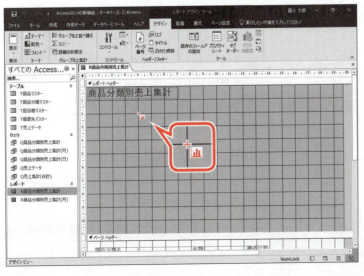

マウスポインターの形が に変わります。
⑥グラフを挿入する開始位置でクリックします。

274

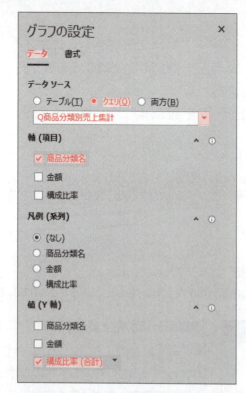

グラフが挿入されます。

《グラフの設定》が表示されます。

⑦《データ》を選択します。

⑧《データソース》の《クエリ》を◉にします。

⑨《データソース》の▼をクリックし、一覧から「Q商品分類別売上集計」を選択します。

クエリ「Q商品分類別売上集計」にあるフィールドが《軸(項目)》《凡例(系列)》《値(Y軸)》に表示されます。

⑩《軸(項目)》の「商品分類名」を☑にします。

⑪《値(Y軸)》の「構成比率」を☑にします。

※「構成比率(合計)」と表示されます。

⑫《書式》を選択します。

※一覧に表示されていない場合は、スクロールして調整します。

⑬《データ系列の書式設定》の《データラベルを表示》を☑にします。

《グラフの設定》を閉じます。

⑭ × (閉じる)をクリックします。

2 グラフのサイズ変更と書式設定

プロパティシートでグラフに書式を設定します。円グラフに、次の書式を設定しましょう。

凡例の位置	: 右	グラフタイトルのフォントサイズ	: 18
凡例テキストのフォントサイズ	: 12	プライマリ数値軸の形式	: パーセント
グラフのタイトル	: 売上構成比		

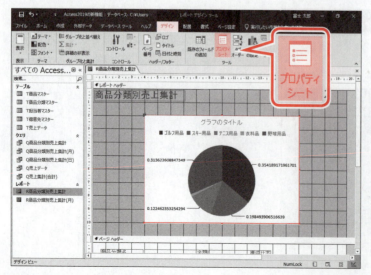

①グラフが選択されていることを確認します。

グラフのサイズを変更します。

②グラフの右下の境界線をポイントし、右下方向にドラッグします。

※ドラッグ中、マウスポインターの形が↘に変わります。

グラフのサイズが変更されます。

グラフの書式を設定します。

③グラフが選択されていることを確認します。

④《デザイン》タブを選択します。

⑤《ツール》グループの▤(プロパティシート)をクリックします。

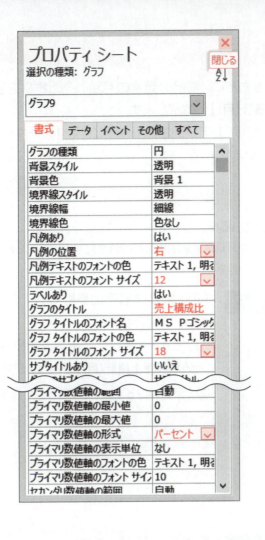

《プロパティシート》が表示されます。

⑥《書式》タブを選択します。

⑦《凡例の位置》プロパティをクリックします。

⑧ ▼ をクリックし、一覧から《右》を選択します。

⑨《凡例テキストのフォントサイズ》プロパティをクリックします。

⑩ ▼ をクリックし、一覧から《12》を選択します。

⑪《グラフのタイトル》プロパティに「売上構成比」と入力します。

⑫《グラフタイトルのフォントサイズ》プロパティをクリックします。

⑬ ▼ をクリックし、一覧から《18》を選択します。

⑭《プライマリ数値軸の形式》プロパティをクリックします。

※一覧に表示されていない場合は、スクロールして調整します。

⑮ ▼ をクリックし、一覧から《パーセント》を選択します。

《プロパティシート》を閉じます。

⑯ × （閉じる）をクリックします。

書式が変更されます。

※レイアウトプレビューに切り替えて、結果を確認しましょう。
※レポートを上書き保存し、閉じておきましょう。

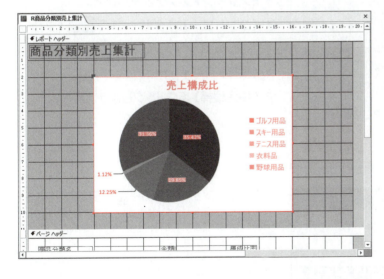

276

3 縦棒グラフの作成

クエリ「**Q商品分類別売上集計(月)**」をもとに、商品分類別の月別の売上推移を表す縦棒グラフをレポート「**R商品分類別売上集計(月)**」に作成します。
クエリ「**Q商品分類別売上集計(月)**」は、売上データを商品分類ごとにグループ化し、さらに月ごとにグループ化して、集計しています。

1 グラフの挿入

レポート「**R商品分類別売上集計(月)**」に、縦棒グラフを挿入しましょう。

※レポート「R商品分類別売上集計(月)」は、クエリ「Q商品分類別売上集計(月)」をもとに、あらかじめ作成しています。

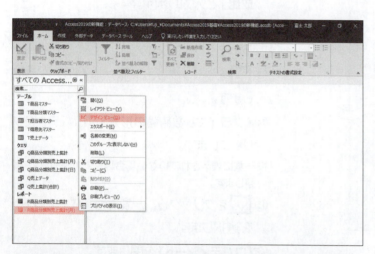

「R商品分類別売上集計(月)」をデザインビューで開きます。
①ナビゲーションウィンドウのレポート「**R商品分類別売上集計(月)**」を右クリックします。
②《**デザインビュー**》をクリックします。

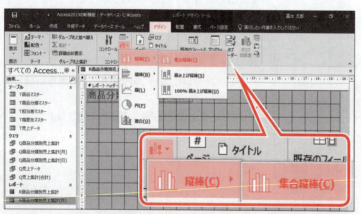

縦棒グラフを挿入します。
③《**デザイン**》タブを選択します。
④《**コントロール**》グループの をクリックします。
⑤《**縦棒**》をポイントします。
⑥《**集合縦棒**》をクリックします。

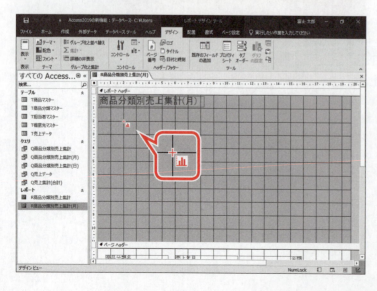

マウスポインターの形が ＋ に変わります。
⑦グラフを挿入する開始位置でクリックします。

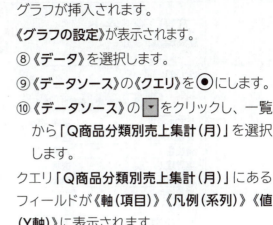

グラフが挿入されます。

《グラフの設定》が表示されます。

⑧《データ》を選択します。

⑨《データソース》の《クエリ》を◉にします。

⑩《データソース》の▼をクリックし、一覧から「Q商品分類別売上集計(月)」を選択します。

クエリ「Q商品分類別売上集計(月)」にあるフィールドが《軸(項目)》《凡例(系列)》《値(Y軸)》に表示されます。

⑪《軸(項目)》の「商品分類名」を☑にします。

⑫《凡例(系列)》の「売上年月」を◉にします。

⑬《値(Y軸)》の「金額」を☑にします。

※「金額(合計)」と表示されます。

《グラフの設定》を閉じます。

⑭ × (閉じる)をクリックします。

2 グラフのサイズ変更と書式設定

プロパティシートでグラフに書式を設定します。縦棒グラフに、次の書式を設定しましょう。

凡例テキストのフォントサイズ	：12
グラフのタイトル	：売上推移
グラフタイトルのフォントサイズ	：18
プライマリ数値軸の形式	：通貨

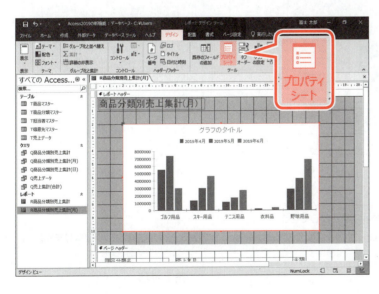

①グラフが選択されていることを確認します。

グラフのサイズを変更します。

②グラフの右下の境界線をポイントし、右下方向にドラッグします。

※ドラッグ中、マウスポインターの形が↘に変わります。

グラフのサイズが変更されます。

グラフの書式を設定します。

③グラフが選択されていることを確認します。

④《デザイン》タブを選択します。

⑤《ツール》グループの (プロパティシート)をクリックします。

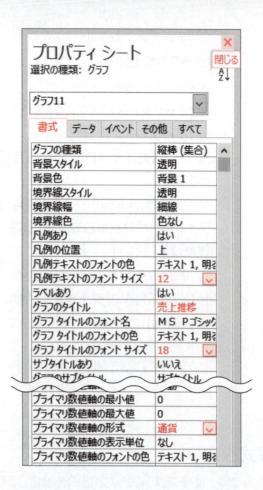

《プロパティシート》が表示されます。
⑥《書式》タブを選択します。
⑦《凡例テキストのフォントサイズ》プロパティをクリックします。
⑧ ▼ をクリックし、一覧から《12》を選択します。
⑨《グラフのタイトル》プロパティに「売上推移」と入力します。
⑩《グラフタイトルのフォントサイズ》プロパティをクリックします。
⑪ ▼ をクリックし、一覧から《18》を選択します。
⑫《プライマリ数値軸の形式》プロパティをクリックします。
※一覧に表示されていない場合は、スクロールして調整します。
⑬ ▼ をクリックし、一覧から《通貨》を選択します。

《プロパティシート》を閉じます。
⑭ ✕ （閉じる）をクリックします。

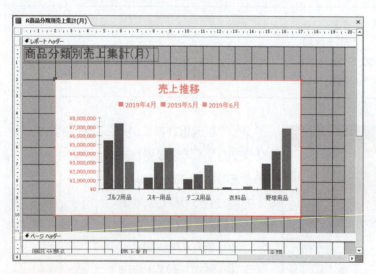

書式が変更されます。
※レイアウトプレビューに切り替えて、結果を確認しましょう。
※レポートを上書き保存し、閉じておきましょう。

STEP UP 積み上げ縦棒グラフの表示

縦棒グラフは、グループごとに積み上げて表示することもできます。
プロパティシートでグラフの種類を《縦棒（積み上げ）》に変更すると、商品ごとに積み上げた縦棒グラフになります。

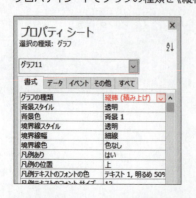 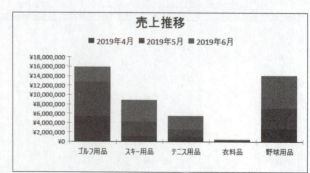

索引

Index

索引

英字

accdb	15
Access	10
Access 2019のファイル形式	15
Accessの画面構成	19
Accessの起動	13
Accessの終了	29
Accessのスタート画面	14
AND条件	161
AND条件とOR条件の組み合わせ	163
Between And 演算子	170
Between And 演算子の利用	170
Date関数	218
Excelデータのインポート	67,74
mdb	15
Microsoftアカウントの表示名	19
Microsoftアカウントのユーザー情報	14
OLEオブジェクト型	49,54
OR条件	162
PDFファイル	235
PDFファイルの作成	236
SQLビュー	92
Where条件	177
Where条件の設定	177
Yes/No型	49,54,160
Yes/No型フィールドの条件設定	160

あ

宛名ラベルの作成	213

い

移動（コントロール）	135,199,200,209
移動ハンドル	208
印刷（レポート）	193
印刷プレビュー	183
インポート	67
インポート（既存テーブル）	67
インポート（新規テーブル）	74

う

ウィンドウの操作ボタン	20
上書き保存	63

え

円グラフ	273
円グラフの作成	274
演算子の種類	172
演算フィールド	108,109
演算フィールドの作成	108

お

大きい数値	49,54
オートナンバー型	49,54,78
オブジェクト	21
オブジェクトウィンドウ	20,25
オブジェクト間のデータの流れ	79
オブジェクトの依存関係	233
オブジェクトの削除	57
オブジェクトの名前の変更	56
オブジェクトの保存	56
オブジェクトの役割	22
オブジェクトを閉じる	26
オブジェクトを開く	25

か

外部キー	82
拡大表示	187
拡張子	15
画面構成（Access）	19
空のデータベース	14
関連テーブル	82

き

《既定値》プロパティ	153
起動（Access）	13
行セレクター	48

く

クイックアクセスツールバー …………………………… 19
空白のフォーム …………………………………………… 121
空白のレポート …………………………………………… 189
クエリ ………………………………………………… 22,90
クエリウィザード ………………………………………… 95
クエリデザイン …………………………………………… 95
クエリの作成 ………………………… 93,102,105,174,218
クエリの作成方法 ………………………………………… 95
クエリの実行 ……………………………………………… 98
クエリのビュー …………………………………………… 92
クエリの保存 ……………………………………………… 101
グラフ機能の強化 ………………………………………… 273
グラフのサイズ変更 ………………………………… 275,278
グラフの書式設定 …………………………………… 275,278
グラフの挿入 ………………………………………… 274,277
グループ …………………………………………………… 24
グループレベルの指定 …………………………………… 198

け

検索 …………………………………………………… 58,122
検索バー …………………………………………………… 24
検索ボックス ……………………………………………… 14

こ

降順 ………………………………………………………… 99
コントロール …………………………………… 122,191,208
コントロールの移動 ……………………… 135,199,200,209
コントロールのサイズ変更 ………………… 129,135,200
コントロールの削除 ………………………………… 134,199
コントロールの書式設定 …………………………… 137,147,192
コントロールの選択の解除 ……………………………… 137
コントロールのプロパティの設定 …………………… 139,148

さ

最近使ったファイル ……………………………………… 14
最小化 ……………………………………………………… 20
サイズハンドル …………………………………………… 208
サイズ変更（グラフ） ……………………………… 275,278
サイズ変更（コントロール） ……………… 129,135,200

最大化 ……………………………………………………… 20
サインアウト ……………………………………………… 14
サインイン ………………………………………………… 14
削除（オブジェクト） …………………………………… 57
削除（コントロール） ……………………………… 134,199
削除（フィールド） ……………………………………… 97
削除（フィールドリスト） ………………………… 87,94
削除（レコード） …………………………………… 62,126
作成（PDFファイル） …………………………………… 236
作成（クエリ） ……………………… 93,102,105,174,218
作成（グラフ） ……………………………………… 274,277
作成（テーブル） …………………………………… 46,65
作成（ナビゲーションフォーム） ……………………… 231
作成（パラメータークエリ） ……………… 166,172,178
作成（フォーム） …………………………… 116,130,143,154
作成（リレーションシップ） …………………………… 83
作成（レポート） ………… 185,194,203,213,219,224
サブデータシート ………………………………………… 87
算術演算子 ………………………………………………… 109
参照整合性 ………………………………………………… 82

し

実行（クエリ） …………………………………………… 98
シャッターバーを開く/閉じるボタン ………………… 24
集計（データ型） ……………………………………… 49,54
集計行の集計方法 ………………………………………… 176
集計行の設定 ……………………………………………… 175
終了（Access） …………………………………………… 29
主キー …………………………………………………… 40,82
主キーの設定 ……………………………………………… 55
縮小表示 …………………………………………………… 187
十進型 ……………………………………………………… 54
主テーブル ………………………………………………… 82
《使用可能》プロパティ …………………………… 141,142
《詳細》セクション ……………………………………… 208
昇順 ………………………………………………………… 99
書式設定（グラフ） ………………………………… 275,278
書式設定（コントロール） ………………………… 137,147,192
《書式》プロパティ ……………………………………… 153
新規作成（データベース） ……………………………… 35
信頼できる場所の追加 …………………………………… 18

す

垂直ルーラー	208
水平ルーラー	208
数値型	49,54
ズーム表示	171
スクロールバー	20
スタート画面	14
ステータスバー	20
すべてのAccessオブジェクト	24

せ

整数型	54
セキュリティの警告	18
セクション間のコントロールの移動	209
説明（オプション）	48
セル	58,96

そ

操作アシスト	20
挿入（グラフ）	274,277
挿入（添付ファイル）	60

た

タイトルの変更	155,191
タイトルバー	19
縦棒グラフ	273
縦棒グラフの作成	277
タブ	20,48,58,96
《タブストップ》プロパティ	153
単一条件の設定	158
単精度浮動小数点型	54
単票形式	119,188

ち

| 長整数型 | 54 |
| 帳票形式 | 119,188 |

つ

追加（フィールドリスト）	87,95
通貨型	49,54
積み上げ縦棒グラフの表示	279

て

データ型	48,49
データ型のサイズ	54
データシート	119
データシートビュー（クエリ）	92
データシートビュー（テーブル）	41,58
データの集計	174
データの入力	59,123,133,145,149
データベース	11
データベースオブジェクト	21,24
データベース構築の流れ	32
データベースソフトウェア	11
データベースの新規作成	35
データベースの設計	33
データベースを閉じる	28
データベースを開く	16
テーブル	22,40
テーブルデザイン	47
テーブルの作成	46,65
テーブルの作成方法	47
テーブルのビュー	41
テーブルの保存	56
テーブルを開く	63
テキストボックス	122,191,208
デザイングリッド	96
デザインビュー（クエリ）	92,96
デザインビュー（テーブル）	41,48
デザインビュー（フォーム）	115
デザインビュー（レポート）	183,208
伝票ウィザード	216
添付ファイル	49,54
添付ファイルの挿入	60
テンプレート	238
テンプレートの検索	241
テンプレートの利用	238

と

登録（フィールド）	97
閉じる（ウィンドウ）	20
閉じる（オブジェクト）	26
閉じる（データベース）	28

な

長いテキスト	49,54
ナビゲーションウィンドウ	20,24
ナビゲーションフォーム	230
ナビゲーションフォームの作成	231
名前を付けて保存	63
並べ替え	99

に

| 二者択一の条件の設定 | 159 |

は

倍精度浮動小数点型	54
バイト型	54
ハイパーリンク型	49,54
はがきウィザード	216
パラメータークエリ	166
パラメータークエリの作成	166,172,178

ひ

比較演算子	168
比較演算子の種類	169
比較演算子の利用	168
日付/時刻型	49,54
ビュー切り替えボタン	20
ビューの切り替え	57,190,207
表形式	119,188
開く（オブジェクト）	25
開く（データベース）	16
開く（テーブル）	63

ふ

ファイル形式	15
ファイルの拡張子の表示	15
フィールド	40
フィールドサイズ	49
フィールドサイズの初期値	54
フィールドセレクター	96
フィールド選択ボタン	117
フィールドの入れ替え	100
フィールドの固定	72
フィールドの削除	97
フィールドの設定	49,78
フィールドの登録	97
フィールドプロパティ	48
フィールド名	48,49
フィールド名の付け方	50
フィールドリスト	84,96
フィールドリストの削除	87,94
フィールドリストの追加	87,95
フィルター	58,122
フォーム	23,114
フォームウィザード	120
フォームデザイン	120
フォームの作成	116,130,143,154
フォームの作成方法	120
フォームのビュー	115
フォームのレイアウト	119
フォームビュー	115,122
複合条件の設定	161,162
複数のアイテム	121,154
複数のテーブルの選択	83
プロパティシート	139
プロパティの設定	139,148
プロパティの変更	151
分割フォーム	121

へ

《ページフッター》セクション	208
《ページヘッダー》セクション	208
変更（オブジェクトの名前）	56
編集（リレーションシップ）	87
《編集ロック》プロパティ	140,142

ほ

他のファイルを開く …………………………… 14
保存（オブジェクト）…………………………… 56
保存（クエリ）………………………………… 101
保存（テーブル）……………………………… 56
保存（レコード）………………………… 62,125

ま

マクロ …………………………………………… 23

み

短いテキスト ………………………………… 49,54

め

メニュー ………………………………………… 24

も

モジュール ……………………………………… 23
元に戻す（縮小）……………………………… 20

ゆ

ユーザー定義ラベル ………………………… 213

よ

用紙サイズの設定 …………………………… 193

ら

ラベル ……………………………… 122,191,208

り

リボン …………………………………………… 19
リレーショナル・データベース ……………… 12
リレーショナル・データベースソフトウェア ……… 12
リレーションシップ …………………………… 82
リレーションシップの作成 …………………… 83
リレーションシップの編集 …………………… 87
リレーションテーブル ………………………… 82

る

ルックアップウィザード ……………………… 49

れ

レイアウトビュー（フォーム）……………… 115
レイアウトビュー（レポート）…………… 183,191
レコード ………………………………………… 40
レコード移動ボタン ……………………… 58,122
レコードセレクター ………………… 58,122,142
レコードセレクターの表示 ……………… 60,125
レコードの削除 …………………………… 62,126
レコードの抽出 ……………………………… 158
レコードの入力 ……………………………… 59
レコードの保存 …………………………… 62,125
列の固定 ……………………………………… 72
列幅の調整 ……………………………… 62,72
列見出し ……………………………………… 58
レプリケーションID型 ……………………… 54
レポート ………………………………… 23,182
レポートウィザード ………………………… 189
レポートセレクター ………………………… 208
レポートデザイン …………………………… 189
レポートの印刷 ……………………………… 193
レポートの印刷形式 ………………………… 188
レポートの作成 ………… 185,194,203,213,219,224
レポートの作成方法 ………………………… 189
レポートのビュー …………………………… 183
レポートビュー ……………………………… 183
《レポートフッター》セクション …………… 208
《レポートヘッダー》セクション …………… 208

わ

ワイルドカード ……………………………… 164
ワイルドカードの種類 ……………………… 165
ワイルドカードの利用 ……………………… 164

よくわかる
Microsoft® Access® 2019 基礎
(FPT1819)

2019年 4 月 3 日　初版発行
2022年11月22日　第 2 版第 7 刷発行

著作／制作：富士通エフ・オー・エム株式会社

発行者：山下　秀二

発行所：FOM出版（富士通エフ・オー・エム株式会社）
　　　　〒144-8588 東京都大田区新蒲田 1-17-25
　　　　　　　　　株式会社富士通ラーニングメディア内
　　　　https://www.fom.fujitsu.com/goods/

印刷／製本：株式会社サンヨー

表紙デザインシステム：株式会社アイロン・ママ

- 本書は、構成・文章・プログラム・画像・データなどのすべてにおいて、著作権法上の保護を受けています。
  本書の一部あるいは全部について、いかなる方法においても複写・複製など、著作権法上で規定された権利を侵害する行為を行うことは禁じられています。
- 本書に関するご質問は、ホームページまたはメールにてお寄せください。
  <ホームページ>
  上記ホームページ内の「FOM出版」から「QAサポート」にアクセスし、「QAフォームのご案内」からQAフォームを選択して、必要事項をご記入の上、送信してください。
  <メール>
  FOM-shuppan-QA@cs.jp.fujitsu.com
  なお、次の点に関しては、あらかじめご了承ください。
  　・ご質問の内容によっては、回答に日数を要する場合があります。
  　・本書の範囲を超えるご質問にはお答えできません。　・電話やFAXによるご質問には一切応じておりません。
- 本製品に起因してご使用者に直接または間接的損害が生じても、富士通エフ・オー・エム株式会社はいかなる責任も負わないものとし、一切の賠償などは行わないものとします。
- 本書に記載された内容などは、予告なく変更される場合があります。
- 落丁・乱丁はお取り替えいたします。

©FUJITSU LEARNING MEDIA LIMITED 2021
Printed in Japan

FOM出版のシリーズラインアップ

定番の よくわかる シリーズ

「よくわかる」シリーズは、長年の研修事業で培ったスキルをベースに、ポイントを押さえたテキスト構成になっています。すぐに役立つ内容を、丁寧に、わかりやすく解説しているシリーズです。

資格試験の よくわかるマスター シリーズ

「よくわかるマスター」シリーズは、IT資格試験の合格を目的とした試験対策用教材です。

■MOS試験対策

■情報処理技術者試験対策

ITパスポート試験　　　基本情報技術者試験

FOM出版テキスト 最新情報のご案内

FOM出版では、お客様の利用シーンに合わせて、最適なテキストをご提供するために、様々なシリーズをご用意しています。

FOM出版　

https://www.fom.fujitsu.com/goods/

FAQのご案内
［テキストに関するよくあるご質問］

FOM出版テキストのお客様Q&A窓口に皆様から多く寄せられたご質問に回答を付けて掲載しています。

FOM出版　FAQ　

https://www.fom.fujitsu.com/goods/faq/

緑色の用紙の内側に、別冊「総合問題 解答」が添付されています。

別冊は必要に応じて取りはずせます。取りはずす場合は、この用紙を1枚めくっていただき、別冊の根元を持って、ゆっくりと引き抜いてください。

総合問題 解答

Microsoft® Access® 2019 基礎

総合問題1 経費管理データベースの作成　解答　………………… 1

総合問題2 受注管理データベースの作成　解答　………………… 6

総合問題1 経費管理データベースの作成　解答

> 設定する項目名が一覧にない場合は、任意の項目を選択してください。

1 テーブルの作成

①

① 《作成》タブを選択
② 《テーブル》グループの (テーブルデザイン) をクリック
③ 1行目の《フィールド名》に「番号」と入力
④ [Tab]または[Enter]を押す
⑤ 《データ型》の をクリックし、一覧から《オートナンバー型》を選択
⑥ 同様に、その他のフィールドを設定
⑦ 「部署コード」フィールドの行セレクターをクリック
⑧ 《フィールドプロパティ》の《標準》タブを選択
⑨ 《フィールドサイズ》プロパティに「3」と入力
⑩ 同様に、「項目コード」フィールドのフィールドサイズを設定
⑪ 「番号」フィールドの行セレクターをクリック
⑫ 《デザイン》タブを選択
⑬ 《ツール》グループの (主キー) をクリック

②

① [F12]を押す
② 《'テーブル1'の保存先》に「T経費使用状況」と入力
③ 《OK》をクリック

③

① 《外部データ》タブを選択
② 《インポートとリンク》グループの (新しいデータソース) をクリック
③ 《ファイルから》をポイントし、《Excel》をクリック
④ 《ファイル名》の《参照》をクリック
⑤ 《ドキュメント》が開かれていることを確認
※《ドキュメント》が開かれていない場合は、《PC》→《ドキュメント》を選択します。
⑥ 一覧から「Access2019基礎」を選択
⑦ 《開く》をクリック
⑧ 一覧から「支出状況.xlsx」を選択
⑨ 《開く》をクリック
⑩ 《レコードのコピーを次のテーブルに追加する》を にする
⑪ をクリックし、一覧から「T経費使用状況」を選択
⑫ 《OK》をクリック
⑬ 《次へ》をクリック
⑭ 《インポート先のテーブル》が「T経費使用状況」になっていることを確認
⑮ 《完了》をクリック
⑯ 《閉じる》をクリック

④

① 《データベースツール》タブを選択
② 《リレーションシップ》グループの (リレーションシップ) をクリック
③ 《テーブル》タブを選択
④ 一覧から「T経費使用状況」を選択
⑤ [Shift]を押しながら、「T部署リスト」を選択
⑥ 《追加》をクリック
⑦ 《閉じる》をクリック
※フィールドリストのサイズと配置を調整しておきましょう。
⑧ 「T部署リスト」の「部署コード」を「T経費使用状況」の「部署コード」までドラッグ
※ドラッグ元のフィールドとドラッグ先のフィールドは入れ替わってもかまいません。
⑨ 《参照整合性》を ☑ にする
⑩ 《作成》をクリック
⑪ 同様に、その他のリレーションシップを作成

2 クエリの作成

⑤

① 《作成》タブを選択
② 《クエリ》グループの (クエリデザイン) をクリック
③ 《テーブル》タブを選択
④ 一覧から「T費用項目リスト」を選択
⑤ [Shift]を押しながら、「T費用分類リスト」を選択
⑥ 《追加》をクリック

⑦《閉じる》をクリック
⑧「T費用項目リスト」フィールドリストの「項目コード」をダブルクリック
⑨同様に、その他のフィールドをデザイングリッドに登録

⑥
①F12を押す
②《'クエリ1'の保存先》に「Q費用項目リスト」と入力
③《OK》をクリック

⑦
①《作成》タブを選択
②《クエリ》グループの (クエリデザイン)をクリック
③《テーブル》タブを選択
④一覧から「T経費使用状況」を選択
⑤Shiftを押しながら、「T部署リスト」を選択
⑥《追加》をクリック
⑦《閉じる》をクリック
※フィールドリストのサイズと配置を調整しておきましょう。
⑧「T経費使用状況」フィールドリストの「番号」をダブルクリック
⑨同様に、その他のフィールドをデザイングリッドに登録

⑧
①「番号」フィールドの《並べ替え》セルをクリック
② をクリックし、一覧から《昇順》を選択

⑨
①F12を押す
②《'クエリ1'の保存先》に「Q経費使用状況」と入力
③《OK》をクリック

⑩
①ナビゲーションウィンドウのクエリ「Q経費使用状況」を右クリック
②《デザインビュー》をクリック
③「処理済」フィールドの《抽出条件》セルに「No」と入力

⑪
①F12を押す
②《'Q経費使用状況'の保存先》に「Q経費使用状況(未処理分)」と入力
③《OK》をクリック

⑫
①ナビゲーションウィンドウのクエリ「Q経費使用状況」を右クリック
②《デザインビュー》をクリック
③「備考」フィールドのフィールドセレクターをクリック
④《デザイン》タブを選択
⑤《クエリ設定》グループの 列の挿入 (列の挿入)をクリック
⑥挿入した列の《フィールド》セルに「税込金額:[金額]*1.08」と入力
※数字と記号は半角で入力します。入力の際、[ ]は省略できます。
※列幅を調整して、計算式を確認しましょう。

⑬
①F12を押す
②《'Q経費使用状況'の保存先》に「Q経費使用状況(税込金額)」と入力
③《OK》をクリック

⑭
①ナビゲーションウィンドウのクエリ「Q経費使用状況」を右クリック
②《デザインビュー》をクリック
③「部署コード」フィールドの《抽出条件》セルに「[部署コードを入力]」と入力
※[ ]は半角で入力します。

⑮
①F12を押す
②《'Q経費使用状況'の保存先》に「Q経費使用状況(部署指定)」と入力
③《OK》をクリック

⑯
①ナビゲーションウィンドウのクエリ「Q経費使用状況」を右クリック
②《デザインビュー》をクリック
③「入力日」フィールドの《抽出条件》セルに「Between␣[期間開始日を入力]␣And␣[期間終了日を入力]」と入力
※英字と記号は半角で入力します。
※␣は半角空白を表します。
※列幅を調整して、条件を確認しましょう。

⑰
① [F12]を押す
② 《'Q経費使用状況'の保存先》に「Q経費使用状況(期間指定)」と入力
③ 《OK》をクリック

⑱
① 《作成》タブを選択
② 《クエリ》グループの (クエリデザイン)をクリック
③ 《クエリ》タブを選択
④ 一覧から「Q経費使用状況」を選択
⑤ 《追加》をクリック
⑥ 《閉じる》をクリック
※フィールドリストのサイズを調整しておきましょう。
⑦ 「Q経費使用状況」フィールドリストの「項目コード」をダブルクリック
⑧ 同様に、その他のフィールドをデザイングリッドに登録

⑲
① 《デザイン》タブを選択
② 《表示/非表示》グループの Σ (クエリ結果で列の集計を表示/非表示にする)をクリック
③ 「項目コード」フィールドの《集計》セルが《グループ化》になっていることを確認
④ 「金額」フィールドの《集計》セルをクリック
⑤ をクリックし、一覧から《合計》を選択

⑳
① [F12]を押す
② 《'クエリ1'の保存先》に「Q費用項目別集計」と入力
③ 《OK》をクリック

㉑
① 《作成》タブを選択
② 《クエリ》グループの (クエリデザイン)をクリック
③ 《クエリ》タブを選択
④ 一覧から「Q経費使用状況」を選択
⑤ 《追加》をクリック
⑥ 《閉じる》をクリック
※フィールドリストのサイズを調整しておきましょう。
⑦ 「Q経費使用状況」フィールドリストの「費用コード」をダブルクリック
⑧ 同様に、その他のフィールドをデザイングリッドに登録

㉒
① 《デザイン》タブを選択
② 《表示/非表示》グループの Σ (クエリ結果で列の集計を表示/非表示にする)をクリック
③ 「費用コード」フィールドの《集計》セルが《グループ化》になっていることを確認
④ 「金額」フィールドの《集計》セルをクリック
⑤ をクリックし、一覧から《合計》を選択

㉓
① 「Q経費使用状況」フィールドリストの「入力日」をダブルクリック
② 「入力日」フィールドの《集計》セルをクリック
③ をクリックし、一覧から《Where条件》を選択
④ 「入力日」フィールドの《抽出条件》セルに「Between␣[期間開始日を入力]␣And␣[期間終了日を入力]」と入力
※英字と記号は半角で入力します。
※␣は半角空白を表します。
※列幅を調整して、条件を確認しましょう。

㉔
① [F12]を押す
② 《'クエリ1'の保存先》に「Q費用分類別集計(期間指定)」と入力
③ 《OK》をクリック

3 フォームの作成

㉕
① 《作成》タブを選択
② 《フォーム》グループの [フォームウィザード] （フォームウィザード）をクリック
③ 《テーブル/クエリ》の ∨ をクリックし、一覧から「クエリ：Q経費使用状況」を選択
④ >> をクリック
⑤ 《次へ》をクリック
⑥ 《次へ》をクリック
⑦ 《単票形式》を ⦿ にする
⑧ 《次へ》をクリック
⑨ 《フォーム名を指定してください。》に「F経費入力」と入力
⑩ 《完了》をクリック

㉖
① 《ホーム》タブを選択
② 《表示》グループの [表示] （表示）をクリック
※《フィールドリスト》が表示された場合は、✕ （閉じる）をクリックして閉じておきましょう。
③ 「入力日」テキストボックスを選択
④ テキストボックスの右端をポイントし、マウスポインターの形が ↔ に変わったら右方向にドラッグ

㉗
① 「番号」テキストボックスを選択
② Shift を押しながら、「部署名」「項目名」「費用コード」「費用名」の各テキストボックスを選択
③ 《デザイン》タブを選択
④ 《ツール》グループの [プロパティシート] （プロパティシート）をクリック
⑤ 《データ》タブを選択
⑥ 《使用可能》プロパティをクリック
⑦ ∨ をクリックし、一覧から《いいえ》を選択
⑧ 《編集ロック》プロパティをクリック
⑨ ∨ をクリックし、一覧から《はい》を選択
⑩ 《プロパティシート》の ✕ （閉じる）をクリック

㉘
① 《デザイン》タブを選択
※《ホーム》タブでもかまいません。
② 《表示》グループの [表示] （表示）をクリック
③ ▶* （新しい（空の）レコード）をクリック
④ 「入力日」に「2019/06/28」と入力
⑤ 同様に、その他のデータを入力

4 レポートの作成

㉙
① 《作成》タブを選択
② 《レポート》グループの [レポートウィザード] （レポートウィザード）をクリック
③ 《テーブル/クエリ》の ∨ をクリックし、一覧から「クエリ：Q経費使用状況」を選択
④ >> をクリック
⑤ 《選択したフィールド》の一覧から「備考」を選択
⑥ < をクリック
⑦ 同様に、「処理済」の選択を解除
⑧ 《次へ》をクリック
⑨ 《次へ》をクリック
⑩ 《次へ》をクリック
⑪ 《次へ》をクリック
⑫ 《レイアウト》の《表形式》を ⦿ にする
⑬ 《印刷の向き》の《横》を ⦿ にする
⑭ 《次へ》をクリック
⑮ 《レポート名を指定してください。》に「R経費使用状況」と入力
⑯ 《完了》をクリック

㉚
① ステータスバーの [レイアウトビュー] （レイアウトビュー）をクリック
② 「R経費使用状況」ラベルを2回クリックし、「R」を削除

㉛

① 《作成》タブを選択
② 《レポート》グループの ▣ (レポートウィザード) を
クリック
③ 《テーブル/クエリ》の ∨ をクリックし、一覧から「ク
エリ：Q経費使用状況(部署指定)」を選択
④ 《選択可能なフィールド》の一覧から「入力日」を選択
⑤ ＞ をクリック
⑥ 同様に、その他のフィールドを選択
⑦ 《次へ》をクリック
⑧ 《次へ》をクリック
⑨ 《次へ》をクリック
⑩ 《1》の ∨ をクリックし、一覧から「入力日」を選択
⑪ 昇順 になっていることを確認
⑫ 《次へ》をクリック
⑬ 《レイアウト》の《表形式》を ● にする
⑭ 《印刷の向き》の《縦》を ● にする
⑮ 《次へ》をクリック
⑯ 《レポート名を指定してください。》に「R経費使用状況
(部署指定)」と入力
⑰ 《完了》をクリック

㉜

① ステータスバーの ▣ (レイアウトビュー) をクリック
② 「R経費使用状況(部署指定)」ラベルを2回クリック
し、「R」と「(部署指定)」を削除

㉝

① 《デザイン》タブを選択
※《ホーム》タブでもかまいません。
② 《表示》グループの ▣ (表示) の 表示 をクリック
③ 《デザインビュー》をクリック
④ 《ページヘッダー》セクションの「部署コード」ラベル
を選択
⑤ 枠線をポイントし、マウスポインターの形が ✥ に変
わったら《レポートヘッダー》セクションまでドラッグ
⑥ 同様に、その他のコントロールを移動

総合問題2 受注管理データベースの作成 解答

設定する項目名が一覧にない場合は、任意の項目を選択してください。

1 テーブルの作成

①
① 《ファイル》タブを選択
② 《新規》をクリック
③ 《空のデータベース》をクリック
④ 《ファイル名》の ▭（データベースの保存場所を指定します）をクリック
⑤ 《ドキュメント》が開かれていることを確認
※《ドキュメント》が開かれていない場合は、《PC》→《ドキュメント》を選択します。
⑥ 一覧から「Access2019基礎」を選択
⑦ 《開く》をクリック
⑧ 《ファイル名》に「総合問題2.accdb」と入力
※「.accdb」は省略できます。
⑨ 《OK》をクリック
⑩ 《作成》をクリック

②
① 《作成》タブを選択
② 《テーブル》グループの ▭（テーブルデザイン）をクリック
③ 1行目のフィールド名に「分類コード」と入力
④ 〔Tab〕または〔Enter〕を押す
⑤ 《データ型》の ▽ をクリックし、一覧から《短いテキスト》を選択
⑥ 同様に、「分類名」フィールドを設定
⑦ 「分類コード」フィールドの行セレクターをクリック
⑧ 《フィールドプロパティ》の《標準》タブを選択
⑨ 《フィールドサイズ》プロパティに「4」と入力
⑩ 同様に、「分類名」フィールドのフィールドサイズを設定
⑪ 「分類コード」フィールドの行セレクターをクリック
⑫ 《デザイン》タブを選択
⑬ 《ツール》グループの ▭（主キー）をクリック

③
① 〔F12〕を押す
② 《'テーブル1'の保存先》に「T分類リスト」と入力
③ 《OK》をクリック

④
① 《デザイン》タブを選択
※《ホーム》タブでもかまいません。
② 《表示》グループの ▭（表示）をクリック
③ 「分類コード」に「A001」と入力
※半角で入力します。
④ 〔Tab〕または〔Enter〕を押す
⑤ 「分類名」に「商品券」と入力
⑥ 〔Tab〕または〔Enter〕を押す
⑦ 同様に、その他のレコードを入力

⑤
① 《作成》タブを選択
② 《テーブル》グループの ▭（テーブルデザイン）をクリック
③ 1行目の《フィールド名》に「商品コード」と入力
④ 〔Tab〕または〔Enter〕を押す
⑤ 《データ型》の ▽ をクリックし、一覧から《短いテキスト》を選択
⑥ 同様に、その他のフィールドを設定
⑦ 「商品コード」フィールドの行セレクターをクリック
⑧ 《フィールドプロパティ》の《標準》タブを選択
⑨ 《フィールドサイズ》プロパティに「4」と入力
⑩ 同様に、その他のフィールドのフィールドサイズを設定
⑪ 「商品コード」フィールドの行セレクターをクリック
⑫ 《デザイン》タブを選択
⑬ 《ツール》グループの ▭（主キー）をクリック

⑥
① 〔F12〕を押す
② 《'テーブル1'の保存先》に「T商品リスト」と入力
③ 《OK》をクリック

⑦
①《外部データ》タブを選択
②《インポートとリンク》グループの ■ (新しいデータソース) をクリック
③《ファイルから》をポイントし、《Excel》をクリック
④《ファイル名》の《参照》をクリック
⑤《ドキュメント》が開かれていることを確認
※《ドキュメント》が開かれていない場合は、《PC》→《ドキュメント》を選択します。
⑥一覧から「Access2019基礎」を選択
⑦《開く》をクリック
⑧一覧から「商品リスト.xlsx」を選択
⑨《開く》をクリック
⑩《レコードのコピーを次のテーブルに追加する》を ◉ にする
⑪ ▼ をクリックし、一覧から「T商品リスト」を選択
⑫《OK》をクリック
⑬《次へ》をクリック
⑭《インポート先のテーブル》が「T商品リスト」になっていることを確認
⑮《完了》をクリック
⑯《閉じる》をクリック

⑧
①《外部データ》タブを選択
②《インポートとリンク》グループの ■ (新しいデータソース) をクリック
③《ファイルから》をポイントし、《Excel》をクリック
④《ファイル名》の《参照》をクリック
⑤フォルダー「Access2019基礎」が開かれていることを確認
※「Access2019基礎」が開かれていない場合は、《PC》→《ドキュメント》→「Access2019基礎」を選択します。
⑥一覧から「顧客リスト.xlsx」を選択
⑦《開く》をクリック
⑧《現在のデータベースの新しいテーブルにソースデータをインポートする》を ◉ にする
⑨《OK》をクリック
⑩《先頭行をフィールド名として使う》を ☑ にする
⑪《次へ》をクリック
⑫《次へ》をクリック
⑬《次のフィールドに主キーを設定する》を ◉ にする
⑭ ▼ をクリックし、一覧から「顧客コード」を選択
⑮《次へ》をクリック
⑯《インポート先のテーブル》に「T顧客リスト」と入力

⑰《完了》をクリック
⑱《閉じる》をクリック

⑨
①ナビゲーションウィンドウのテーブル「T顧客リスト」を右クリック
②《デザインビュー》をクリック
③「顧客コード」フィールドの行セレクターに 🔑 (キーインジケーター) が表示されていることを確認
④「顧客コード」フィールドの行セレクターをクリック
⑤《フィールドプロパティ》の《標準》タブを選択
⑥《フィールドサイズ》プロパティに「5」と入力
⑦同様に、その他のフィールドのフィールドサイズを設定
⑧「DM」フィールドの《データ型》の ▼ をクリックし、一覧から《Yes/No型》を選択

⑩
①《作成》タブを選択
②《テーブル》グループの ■ (テーブルデザイン) をクリック
③1行目の《フィールド名》に「受注番号」と入力
④ Tab または Enter を押す
⑤《データ型》の ▼ をクリックし、一覧から《オートナンバー型》を選択
⑥同様に、その他のフィールドを設定
⑦「顧客コード」フィールドの行セレクターをクリック
⑧《フィールドプロパティ》の《標準》タブを選択
⑨《フィールドサイズ》プロパティに「5」と入力
⑩同様に、その他のフィールドのフィールドサイズを設定
⑪「受注番号」フィールドの行セレクターをクリック
⑫《デザイン》タブを選択
⑬《ツール》グループの 🔑 (主キー) をクリック

⑪
① F12 を押す
②《'テーブル1'の保存先》に「T受注リスト」と入力
③《OK》をクリック

⑫
①《外部データ》タブを選択
②《インポートとリンク》グループの ■ (新しいデータソース) をクリック
③《ファイルから》をポイントし、《Excel》をクリック
④《ファイル名》の《参照》をクリック

⑤フォルダー「Access2019基礎」が開かれていることを確認
※「Access2019基礎」が開かれていない場合は、《PC》→《ドキュメント》→「Access2019基礎」を選択します。
⑥一覧から「受注リスト.xlsx」を選択
⑦《開く》をクリック
⑧《レコードのコピーを次のテーブルに追加する》を◉にする
⑨ ▼ をクリックし、一覧から「T受注リスト」を選択
⑩《OK》をクリック
⑪《次へ》をクリック
⑫《インポート先のテーブル》が「T受注リスト」になっていることを確認
⑬《完了》をクリック
⑭《閉じる》をクリック

⑬
①《データベースツール》タブを選択
②《リレーションシップ》グループの ▣ (リレーションシップ) をクリック
③《テーブル》タブを選択
④一覧から「T顧客リスト」を選択
⑤ Shift を押しながら、「T分類リスト」を選択
⑥《追加》をクリック
⑦《閉じる》をクリック
※フィールドリストのサイズを調整しておきましょう。
⑧「T顧客リスト」の「顧客コード」を「T受注リスト」の「顧客コード」までドラッグ
※ドラッグ元のフィールドとドラッグ先のフィールドは入れ替わってもかまいません。
⑨《参照整合性》を ☑ にする
⑩《作成》をクリック
⑪同様に、その他のリレーションシップを作成

2 クエリの作成

⑭
①《作成》タブを選択
②《クエリ》グループの ▣ (クエリデザイン) をクリック
③《テーブル》タブを選択
④一覧から「T商品リスト」を選択
⑤ Shift を押しながら、「T分類リスト」を選択
⑥《追加》をクリック

⑦《閉じる》をクリック
⑧「T商品リスト」フィールドリストの「商品コード」をダブルクリック
⑨同様に、その他のフィールドをデザイングリッドに登録

⑮
①「商品コード」フィールドの《並べ替え》セルをクリック
② ▼ をクリックし、一覧から《昇順》を選択

⑯
① F12 を押す
②《'クエリ1'の保存先》に「Q商品リスト」と入力
③《OK》をクリック

⑰
①《作成》タブを選択
②《クエリ》グループの ▣ (クエリデザイン) をクリック
③《テーブル》タブを選択
④一覧から「T顧客リスト」を選択
⑤ Shift を押しながら、「T分類リスト」を選択
⑥《追加》をクリック
⑦《閉じる》をクリック
※フィールドリストのサイズを調整しておきましょう。
⑧「T受注リスト」フィールドリストの「受注番号」をダブルクリック
⑨同様に、その他のフィールドをデザイングリッドに登録

⑱
①「受注番号」フィールドの《並べ替え》セルをクリック
② ▼ をクリックし、一覧から《昇順》を選択

⑲
①「数量」フィールドの右の《フィールド》セルに「金額:[価格]*[数量]」と入力
※記号は半角で入力します。入力の際、[ ]は省略できます。

⑳
① F12 を押す
②《'クエリ1'の保存先》に「Q受注リスト」と入力
③《OK》をクリック

㉑
①ナビゲーションウィンドウのクエリ「Q受注リスト」を右クリック
②《デザインビュー》をクリック

③「分類コード」フィールドの《抽出条件》セルに「"A001"」と入力
※半角で入力します。入力の際、「"」は省略できます。

④「数量」フィールドの《抽出条件》セルに「>=30」と入力
※半角で入力します。

⑤「分類コード」フィールドの《または》セルに「"A002"」と入力
※半角で入力します。入力の際、「"」は省略できます。

⑥「数量」フィールドの《または》セルに「>=30」と入力
※半角で入力します。

㉒
① F12 を押す
②《'Q受注リスト'の保存先》に「Q大口受注（A001またはA002）」と入力
③《OK》をクリック

㉓
①《作成》タブを選択
②《クエリ》グループの (クエリデザイン) をクリック
③《テーブル》タブを選択
④一覧から「T顧客リスト」を選択
⑤《追加》をクリック
⑥《閉じる》をクリック
※フィールドリストのサイズを調整しておきましょう。
⑦「T顧客リスト」フィールドリストの「顧客コード」をダブルクリック
⑧同様に、その他のフィールドをデザイングリッドに登録
⑨「住所」フィールドの《抽出条件》セルに「Like␣"神奈川県*"」と入力
※英字と記号は半角で入力します。入力の際、「Like」と「"」は省略できます。
※␣は半角空白を表します。

㉔
① F12 を押す
②《'クエリ1'の保存先》に「Q顧客リスト（神奈川県）」と入力
③《OK》をクリック

㉕
①ナビゲーションウィンドウのクエリ「Q受注リスト」を右クリック
②《デザインビュー》をクリック

③「受注日」フィールドの《抽出条件》セルに「Between␣[期間開始日を入力]␣And␣[期間終了日を入力]」と入力
※英字と記号は半角で入力します。
※␣は半角空白を表します。
※列幅を調整して、条件を確認しましょう。

㉖
① F12 を押す
②《'Q受注リスト'の保存先》に「Q受注リスト（期間指定）」と入力
③《OK》をクリック

㉗
①《作成》タブを選択
②《クエリ》グループの (クエリデザイン) をクリック
③《クエリ》タブを選択
④一覧から「Q受注リスト」を選択
⑤《追加》をクリック
⑥《閉じる》をクリック
※フィールドリストのサイズを調整しておきましょう。
⑦「Q受注リスト」フィールドリストの「分類コード」をダブルクリック
⑧同様に、その他のフィールドをデザイングリッドに登録

㉘
①《デザイン》タブを選択
②《表示/非表示》グループの Σ (クエリ結果で列の集計を表示/非表示にする) をクリック
③「分類コード」フィールドの《集計》セルが《グループ化》になっていることを確認
④「金額」フィールドの《集計》セルをクリック
⑤ をクリックし、一覧から《合計》を選択

㉙
①「Q受注リスト」フィールドリストの「受注日」をダブルクリック
②「受注日」フィールドの《集計》セルをクリック
③ をクリックし、一覧から《Where条件》を選択
④「受注日」フィールドの《抽出条件》セルに「Between␣[期間開始日を入力]␣And␣[期間終了日を入力]」と入力
※英字と記号は半角で入力します。
※␣は半角空白を表します。
※列幅を調整して、条件を確認しましょう。

㉚
① F12 を押す
②《'クエリ1'の保存先》に「Q分類別集計(期間指定)」と入力
③《OK》をクリック

3 フォームの作成

㉛
①《作成》タブを選択
②《フォーム》グループの (フォームウィザード)をクリック
③《テーブル/クエリ》の ∨ をクリックし、一覧から「テーブル：T顧客リスト」を選択
④ >> をクリック
⑤《次へ》をクリック
⑥《単票形式》を ⦿ にする
⑦《次へ》をクリック
⑧《フォーム名を指定してください。》に「F顧客入力」と入力
⑨《完了》をクリック

㉜
①《ホーム》タブを選択
②《表示》グループの (表示)をクリック
※《フィールドリスト》が表示された場合は、× (閉じる)をクリックして閉じておきましょう。
③「顧客名」テキストボックスを選択
④テキストボックスの右端をポイントし、マウスポインターの形が ⟷ に変わったら右方向にドラッグ
⑤同様に、「フリガナ」「住所」「TEL」の各テキストボックスのサイズを調整

㉝
①《作成》タブを選択
②《フォーム》グループの (フォームウィザード)をクリック
③《テーブル/クエリ》の ∨ をクリックし、一覧から「クエリ：Q受注リスト」を選択
④ >> をクリック
⑤《次へ》をクリック
⑥《単票形式》を ⦿ にする
⑦《次へ》をクリック
⑧《フォーム名を指定してください。》に「F受注入力」と入力
⑨《完了》をクリック

㉞
①《ホーム》タブを選択
②《表示》グループの (表示)をクリック
③「受注日」テキストボックスを選択
④ Shift を押しながら、「顧客コード」「商品コード」「数量」の各テキストボックスを選択
⑤《書式》タブを選択
⑥《フォント》グループの (背景色)の ▼ をクリック
⑦《標準の色》の《茶》(左から10番目、上から1番目)をクリック

㉟
①「受注日」テキストボックスを選択
②テキストボックスの右端をポイントし、マウスポインターの形が ⟷ に変わったら右方向にドラッグ
③同様に、「顧客名」「TEL」「商品名」「価格」「金額」の各テキストボックスのサイズを調整

㊱
①「受注番号」テキストボックスを選択
② Shift を押しながら、「顧客名」「TEL」「商品名」「分類コード」「分類名」「価格」の各テキストボックスを選択
③《デザイン》タブを選択
④《ツール》グループの (プロパティシート)をクリック
⑤《データ》タブを選択
⑥《使用可能》プロパティをクリック
⑦ ∨ をクリックし、一覧から《いいえ》を選択
⑧《編集ロック》プロパティをクリック
⑨ ∨ をクリックし、一覧から《はい》を選択
⑩「金額」テキストボックスを選択
⑪《編集ロック》プロパティをクリック
⑫ ∨ をクリックし、一覧から《はい》を選択
⑬《プロパティシート》の × (閉じる)をクリック

㊲
①《デザイン》タブを選択
※《ホーム》タブでもかまいません。
②《表示》グループの (表示)をクリック
③ (新しい(空の)レコード)をクリック

④「受注日」テキストボックスに「2019/03/29」と入力
⑤同様に、その他のデータを入力

4 レポートの作成

㊳

①《作成》タブを選択
②《レポート》グループの ▣ (レポートウィザード) をクリック
③《テーブル/クエリ》の ∨ をクリックし、一覧から「クエリ:Q商品リスト」を選択
④ >> をクリック
⑤《次へ》をクリック
⑥《次へ》をクリック
⑦《次へ》をクリック
⑧《次へ》をクリック
⑨《レイアウト》の《表形式》を ◉ にする
⑩《印刷の向き》の《縦》を ◉ にする
⑪《次へ》をクリック
⑫《レポート名を指定してください。》に「R商品リスト」と入力
⑬《完了》をクリック

㊴

①ステータスバーの ▣ (レイアウトビュー) をクリック
②「R商品リスト」ラベルを2回クリックし、「R」を削除

㊵

①《作成》タブを選択
②《レポート》グループの ▣ (レポートウィザード) をクリック
③《テーブル/クエリ》の ∨ をクリックし、一覧から「クエリ:Q受注リスト(期間指定)」を選択
④ >> をクリック
⑤《選択したフィールド》の一覧から「TEL」を選択
⑥ < をクリック
⑦同様に、「分類コード」「分類名」の選択を解除
⑧《次へ》をクリック
⑨ < をクリック
⑩《次へ》をクリック
⑪《次へ》をクリック
⑫《レイアウト》の《表形式》を ◉ にする

⑬《印刷の向き》の《横》を ◉ にする
⑭《次へ》をクリック
⑮《レポート名を指定してください。》に「R受注リスト(期間指定)」と入力
⑯《完了》をクリック

㊶

①ステータスバーの ▣ (レイアウトビュー) をクリック
②「R受注リスト(期間指定)」ラベルを2回クリックし、「R」を削除

㊷

①ナビゲーションウィンドウのテーブル「T顧客リスト」を選択
②《作成》タブを選択
③《レポート》グループの ▣ (宛名ラベル) をクリック
④《メーカー》の ∨ をクリックし、一覧から《Kokuyo》を選択
⑤《製品番号》の一覧から《タイ-2161N-w》を選択
⑥《次へ》をクリック
⑦《サイズ》の ∨ をクリックし、一覧から《10》を選択
⑧《次へ》をクリック
⑨《ラベルのレイアウト》の1行目にカーソルがあることを確認
⑩《選択可能なフィールド》の一覧から「郵便番号」を選択
⑪ > をクリック
⑫《ラベルのレイアウト》の2行目にカーソルを移動
⑬《選択可能なフィールド》の一覧から「住所」を選択
⑭ > をクリック
⑮同様に、その他のフィールドを配置
⑯《ラベルのレイアウト》の「{担当者名}」の後ろに全角空白を1つ挿入し、「様」と入力
⑰《次へ》をクリック
⑱《選択可能なフィールド》の一覧から「郵便番号」を選択
⑲ > をクリック
⑳《次へ》をクリック
㉑《レポート名を指定してください。》に「R顧客送付用ラベル」と入力
㉒《完了》をクリック